BLASE · Kleines Wörterbuch der Jägersprache

BLASE

# Kleines Wörterbuch der Jägersprache

3., durchgesehene Auflage

edition Jafona
im Quelle & Meyer Verlag Wiebelsheim

**Hinweis zur Nutzung**
Jägersprachliche Begriffe sind in **grün** gedruckt und werden textlich erläutert. Fachbegriffe und einige allgemeine Begriffe, die in engem Bezug zur Jägersprache stehen, sind in schwarz gedruckt. Hier erfolgt dann ein Verweis zum entsprechenden jägersprachlichen Begriff.

Die Angaben in diesem Buch sind vom Verlag sorgfältig erwogen und geprüft, dennoch kann keine Garantie übernommen werden. Eine Haftung des Verlags und seiner Beauftragten für Personen-, Sach- und Vermögensschäden ist ausgeschlossen.

**Bibliografische Information der Deutschen Nationalbibliothek**
Die Deutsche Nationalbibliothek verzeichnet diese Publikation in der Deutschen Nationalbibliografie; detaillierte bibliografische Daten sind im Internet unter http://dnb.d-nb.de abrufbar.

3., durchgesehene Auflage

www.quelle-meyer.de



Druck und Verarbeitung: Plump Druck & Medien GmbH
Umschlagabbildungen: Dschulnigg GmbH & Co KG, ©arturas kerdokas - Fotolia.com
Printed in Germany/Imprimé en Allemagne
ISBN 978-3-494-01885-0

# A

**Aalstrich** – Dunkler Rückenstreifen vom Nacken bis zur Schwanzwurzel, zum Beispiel beim Gamswild, bei Hirscharten, beim Steinwild und Hunden.

**Aas** – Tierleiche, die bereits verwest. Von Aas ernähren sich zahlreiche Insekten, aber auch Caniden wie Wolf, Fuchs und Marderhund sowie verschiedene Greifvögel (Geier, Milan).

**Aaskäfer** – Aasfressende Käfer mit keulenförmigen Fühlern, besonders die Totengräber; Rüben-Aaskäfer sind Pflanzenschädlinge.

**abbalgen** – Das Abziehen der Haut bei Hasen, Kaninchen und Beutegreifern.

**abbaumen** – 1.) vom Hochsitz klettern; 2.) vom Baum klettern oder hinunterspringen von Katzen, Waschbären und Marderartigen.

**abblasen** – Die Beendigung der Jagd durch Hornsignal oder Ähnliches.

**abblatten** – Blätter fressen.

**Abdrucksicherung** – Mit der Abdrucksicherung können Fährten dauerhaft konserviert werden. Dazu werden sie mit Gipsbrei ausgegossen. Damit die Gipsplatten nicht zerbrechen, legt man je nach Größe einige dünne Stäbchen über Kreuz, ein Stück Drahtgeflecht oder ähnliche Materialien in den Brei ein.

**Abendbalz** – Bezeichnung für das Balzen des Auer- und Birkhahns am Beginn des Abends.

**abfallen** – Abmagern.

**abfangen** – Das Töten kranken Schalenwildes mit der blanken Waffe. Dies geschieht insbesondere durch den Blattfang: Der Jäger nähert sich dem Tier vom Rücken her und stößt die ausreichend lange und vor allem breite Klinge hinter dem Blatt in den Brustkorb Richtung Herz. Durch Drehen der Klinge oder Verlängern des Schnittes in Richtung Brustbein wird zusätzlich die Aorta durchtrennt und der Brustkorb eröffnet, sodass der herrschende Unterdruck aufgehoben wird. Eine andere Möglichkeit ist der Kälberfang: Dabei wird von der Halsgrube in Richtung Herz gestoßen. Diese Methode ist für den Anwender jedoch riskanter.

Früher wurde zum Abfangen der Hirschfänger und das Weidblatt verwendet; zum Abfangen von Schwarzwild benutzte der Weidmann auch die Saufeder (eine ca. 30 cm lange, blattförmig-zweischneidige, manchmal auch vierkantige Klinge mit Parierstange an einem zwei Meter langen Eschenholzschaft). Sie diente zum Abfangen von Schwarzwild, das von Hunden gestellt war. Der Jäger stieß die Klinge hinter dem Blatt bis zur Parierstange in den Wildkörper oder er ließ das Wild (angeblich) in die Klinge laufen. Die Saufeder ist heute nur noch selten im Einsatz.

**abgebalzt sein** – Durch die Balz entkräftet sein.

**abgebrunftet sein** – Wegen der Brunft entkräftet sein.

**abgehen** – Bezeichnung für die Flucht des Wildes, das Gefahr gewittert hat.

**abgekommen sein** – Krank sein, mager sein.

**abholzen** – 1.) von einem Baum wegfliegen; 2.) im Forstbereich: flächenhafte Holzernte.

**Abiotische Schäden** – Waldschäden, die durch Frost, Sturm, Schnee, Dürre oder auch Waldbrände entstehen.

**Abkommen** – Der Zielpunkt beim Auslösen des Schusses.

**ablegen** – Wichtiger Begriff bei der Hundeabrichtung: Der Jagdhund muss auf dem ihm zugewiesenen Platz verharren; er wird abgelegt, bis ihn der Führer abholt. Das Tier muss sich ruhig verhalten.

**Ablenkfütterung** – Die Ablenkfütterung dient – unabhängig von der Jahreszeit – der Wildschadenverhütung. Durch gezielte Gabe von Futter soll das Wild, zum Beispiel Schwarzwild, von landwirtschaftlichen Kulturen ferngehalten werden. An den Ablenkfütterungen ruht die Jagd.

Ablenkfütterungen sind nicht unumstritten, da durch die zusätzliche Futtergabe die natürlichen Regelungsmechanismen einseitig beeinflusst werden. (Ablenk-)Fütterungen sind in verschiedenen Bundesländern verboten oder zumindest genehmigungspflichtig.

**abmagern** → **abfallen**

**Abmagerung** – Ist das Wild stark abgemagert, gilt dies als bedenkliches Zeichen im Sinne der Fleischverwertung. Das Fleisch darf ohne vorherige veterinärmedizinische Untersuchung nicht verzehrt werden. Da die Abmagerung zumeist das Ergebnis einer vorausgegangenen oder noch laufenden Infektionskrankheit sein kann, ist die amtliche Fleischuntersuchung unabdingbar. Sie ist es auch dann, wenn die Abmagerung vorrangig auf starken Parasitenbefall zurückgeführt wird. Der Grund: Starker Parasitenbefall ist Wegbereiter für eine Infektionskrankheit, deren Ausbruch letztlich erst durch eine bakteriologische Fleischuntersuchung abgeklärt werden kann.

**Abnahmerecht** – Das Abnahmerecht des Jagdschutzberechtigten bedeutet: Er hat die Befugnis, Personen, die in einem Jagdbezirk unberechtigt jagen, alle zu diesem Zweck benötigten Geräte und Werkzeuge (Waffen, Fanggeräte, Hunde, Frettchen und so weiter) abzunehmen.

**abnicken** – 1.) (Schalen-)Wild mit dem Messer (Nicker) töten; dies erfolgt durch einen Stich zwischen dem 1. Halswirbel und dem Hinterhaupt, wodurch der Halsmarkstrang im Wirbelkanal durchtrennt wird.

Gebräuchlich vor allem bei Rehwild. Durch unsachgemäße Versuche wird jedoch dem Wild unnötiges Leid zugefügt, daher ist auch beim Rehwild der Blattfang die einfachere Methode. 2.) formlose Bestätigung getroffener Entscheidungen.

**Abnormität** – Abweichung von der Norm. In der Regel wird der Begriff auf das Geweih bezogen.

**abranzen** – Beendigung der geschlechtlich aktiven Jahreszeit – bei Haarraubwild.

**abrauschen** – Die Zeit der Geschlechtstätigkeit beenden – beim Schwarzwild.

**abreiten** – Von einem Baum wegfliegen (beim Auer- oder Birkwild).

**abrichten** – Unter Abrichten versteht der Jäger die Ausbildung des Hundes. Das Tier erhält für erwünschte Leistungen Lob und Leckerbissen, bei unerwünschtem Verhalten wird es getadelt. Zur Grundabrichtung gehören: Leinenführigkeit, Setzen, Herankommen auf Ruf und Pfiff, Folgen und Haltmachen. Erst wenn der Hund einen sicheren Gehorsam zeigt, folgt weitere Ausbildung in den jagdlichen Fächern, die Arbeiten vor und nach dem Schuss.

**abschärfen** – Abschneiden.

**Abschussplan** – Der Abschussplan ist ein wichtiges behördliches Mittel zur Regelung der Abschussquote vor allem beim Schalenwild.

Grundlage ist das Bundesjagdgesetz: Danach dürfen Schalenwild (Ausnahme: Schwarzwild), Auer-, Birk- und Rackelwild (letztere sind jedoch nun ganzjährig geschont) sowie Seehunde nur im Rahmen eines Abschussplans erlegt werden. Die Festsetzung der Abschusspläne erfolgt grundsätzlich für den einzelnen Eigenjagdbezirk oder den einzelnen gemeinschaftlichen Jagdbezirk. Vor der Erarbeitung eines Abschussplans wird in jedem Frühjahr nach Maßgabe der jeweiligen landesrechtlichen Vorschriften eine Wildermittlung durchgeführt. Diese Wildstandsermittlungen sollen sich in erster Linie auf Rot-, Dam-, Sika-, Gams- und Muffelwild erstrecken; beim Rehwild wird mittlerweile in den meisten Bundesländern der Verbisszustand der Verjüngungsflächen im Wald als Weiser herangezogen, nach dem der Abschuss erhöht oder gesenkt wird bzw. gleich bleibt.

Abschusspläne werden in der Regel jährlich festgelegt, in verschiedenen Bundesländern wird allerdings der Planungszeitraum für Rehwild auf drei Jahre erweitert.

**abschwarten (aus der Decke schlagen)** – Das Entfernen der Schwarte von Schwarzwild und Dachs. Es erfolgt nach Beendigung der Fleischreifung, also 36 bis 92 Stunden (abhängig von der Größe und Stärke des Wildes) nach Eintritt des Todes. Dies kann im hängenden oder im liegenden Zustand des Wildes erfolgen.

**abschwenken** – Flugrichtung ändern (vom Schützen weg).

**Absehen** – Die Visiereinrichtung/Zielmarke im Zielfernrohr.

Es gibt verschiedene Formen: Meist sind es Fadenkreuze, Balken, Punkte oder Kombinationen aus diesen Zeichen.

Das mit Abstand meistverwendete Absehen ist das aus einem Fadenkreuz unterschiedlicher Balkenstärke bestehende, universelle Absehen 4. Mit einigem Abstand folgt das früher mehr beachtete Absehen 1, ein Balkenabsehen. Zum Flüchtigschießen dienen das Absehen 2 und die hieraus entwickelten Spezial-Absehen.

Bei Zielfernrohren mit variabler Vergrößerung ist die Position des Absehens zwischen den verschiedenen Linsen (Bildebenen) von Bedeutung. Befindet sich das Absehen in der Objektiv-Bildebene (auch 1. Bildebene genannt), so verändert sich bei Verstellung der Vergrößerung sowohl die Größe des Zieles als auch die Größe des Absehens. Befindet sich das Absehen in der Okular-Bildebene (auch 2. Bildebene genannt), so verändert sich nur die Zielgröße, während das Absehen immer gleich groß bleibt und im Verhältnis zum Ziel kleiner erscheint.

**absprossen** – Fressen von Knospen und Trieben.

**abstehen** – (Plötzlich) von einem Baum wegfliegen.

**abstreichen** – Wegfliegen.

**Abszess** – Eitrige, rahmartige Einschmelzung im Gewebe, die oftmals kapselartig von einer Bindegewebehaut umschlossen ist. Abszesse weisen in der Regel eine grünliche bis weißlich-gelbe Färbung auf.

**abtragen** – 1.) die Arbeit mit dem Hund auf der (Schweiß-)Fährte wird unterbrochen; 2.) Ausbildung eines Greifvogels durch den Falkner.

**abtrollen** – Wegtraben.

**abtun** – 1.) sich abtun → zurückbleiben; 2.) abtun → abwürgen eines Stückes Wild durch den Hund.

**Abzug** – Begriff aus der Waffentechnik: Der Abzug hat die Aufgabe, den Schuss auszulösen. Dies geschieht durch einen Fingerdruck auf den Abzug. Dabei wird die Abzugsstange aus der Spannraste des Schlagstückes gehoben und dieses durch die Kraft der Schlagfeder auf den Schlagbolzen geschlagen. Durch die Energie des Schlages wird der Zündsatz und damit die Pulverladung angezündet.

**Afterbalz** – Balz zu ungewöhnlicher (Jahres)zeit oder nachts.

**Afterbrut** – Zweite Brut (wenn die erste erfolglos war).

**Afterklauen** – Die rückwärtigen Klauen bei Greifvögeln.

**Alpenländische Dachsbracke** – Die alpenländische Dachsbracke gehört zu den Bracken, ist aber neben dem Hannoverschen Schweißhund und dem Bayrischen Gebirgsschweißhund als dritte Schweißhunderasse zugelassen.

Der Hund ist mittelgroß, agil und kräftig. Idealhöhe der Hündin: 36–37 cm, des Rüden: 37–38 cm. Die Rute ist mittellang, an der Wurzel stärker als am Ende, sie soll entweder hängend oder besser noch aufwärts getragen werden. Das Haar ist derb, hart, gut anliegend, kurz aber nicht glatt, mit guter Unterwolle. Die Idealfarbe ist entweder „dunkelhirschrot“ oder „schwarz mit rostrotem Brand“.

**Altbestände** – Begriff aus der Forstwirtschaft: Waldbestände, in denen die Bäume auf größerer Fläche ungefähr gleiches Alter haben, werden nach ihrem Entwicklungsstand in verschiedene Altersstufen eingeteilt. Man unterscheidet beispielsweise Kultur, Jungwuchs, Dickung, Stangenholz, Baumholz und Althölzer. Letztere haben das angestrebte Erntealter erreicht.

**alte Bache** – Bache ab dem 5. Lebensjahr.

**Altersbestimmung** – Altersbestimmung ist vor allem bei sozial lebendem Schalenwild von Bedeutung. Allerdings ist eine Bestimmung des Alters am lebenden Wild in der Regel nur sehr schwer oder gar nicht möglich, alle Ansprachefaktoren sind extrem fehleranfällig. Einigermaßen sicher ist nur die Bestimmung im Kindes- und Jugendstadium.

Die Altersschätzung des Wildes wird dabei durch die jeweilige Körperentwicklung möglich. Dabei spielen die Proportionen der einzelnen Körperregionen zueinander eine entscheidende Rolle. Besonders wichtig sind die Kopfformen: Anfänglich zeigt das Jungtier den Kindchenkopf, das heißt der Hirnschädel ist stark ausgeprägt, das Gesicht wird vernachlässigt. Grund dafür ist, dass das Jungtier sein Zentralnervensystem von Anfang an voll funktionsfähig gebrauchen muss. Die Zähne werden dagegen erst später (voll) benötigt. Deshalb wachsen Ober- und Unterkiefer erst im Nachhinein aus dem Schädel bzw. Kiefernwinkel nach vorne heraus, um für die nun stärker wachsenden Zähne Platz zu schaffen.

Auch wenn bereits alle Zähne vorhanden sind, ist der Kiefer noch nicht ausgewachsen. Dies erkennt man an der schräg nach oben über die zuletzt im Unterkiefer stehenden Zähne verlaufende Zahnfleischlinie. Erst wenn die Zahnfleischlinie an allen Backzähnen parallel zum Kieferknochenoberrand verläuft, ist das Wildtier vollständig ausgewachsen. Dies ist beispielsweise beim Rothirsch mit acht Jahren, beim Damschaufler mit sechs und beim Rehbock mit drei Jahren der Fall.

Ein wichtiges Merkmal für Jugend ist bei allen Tieren das Jugendkleid: kurzer Kopf, buntes Gesicht und schlanke Figur. Ferner lassen auch biologisch notwendige Abläufe wie Haarwechsel, Geweihwachstum, Feistansatz oder Bemuskelung Rückschlüsse auf das Alter zu. Einzelmerkmale führen meist zu Fehlurteilen.

**Alterskleid** – Das Gefieder des erwachsenen Federwildes.

**Altreh** – Ricke, die gesetzt hat.

**Alttier** – Weibliches Rotwild, das gesetzt hat, manchmal auch einfach nur Tier genannt.

**Anblasen des Treibens** – Aufruf zum Beginn der Jagd oder des Treibens mit Hilfe eines Hornsignals.

**anfressen** → **anschneiden**

**angehender Keiler** – Männliches Schwarzwild, drei bis vier Jahre alt.

**angehender Schaufler** – Damhirsch mit beginnender Schaufelbildung.

**ankirren** – Mit geringen Mengen ausgelegten Futters anlocken; das Ankirren unterliegt in vielen Bundesländern gesetzlichen Bestimmungen hinsichtlich Futterart und -menge.

**anlocken** → **ankirren, körnen**

**anschießen** – Mit der Jagdwaffe einzelne Kontroll- oder Probeschüsse abgeben.

**anschneiden** – Anfressen (durch Hund oder Raubwild).

**Anschneider** – Bezeichnung für einen Jagdhund, der verendetes Wild anfrisst.

**Anschussbruch** – Der Anschussbruch zählt zu den Bruchzeichen. Er ist von großer Wichtigkeit, wenn das beschossene Stück Schalenwild nicht sofort am Anschuss liegt.

Er ist halbarmlang und wird am Anschuss unbefegt in den Boden gesteckt. Ist die Fluchtrichtung bekannt, wird zusätzlich ein Fährtenbruch gelegt. Erst wenn Anschuss und Standort bei der Schussabgabe gekennzeichnet sind, kann sich der Schütze entfernen, um die Nachsuche zu organisieren. Auf der Gesellschaftsjagd ist dies Aufgabe des Jagdleiters, da die Schützen in der Regel ihren Stand nicht verlassen dürfen. Heute oft ersetzt durch farbiges Markierungsband, welches auffälliger ist und daher das Wiederfinden erleichtert.

**Ansitz** – Der Ansitz zählt zur Einzeljagd. Der Jäger verbringt darin sitzend in guter Deckung die Wartezeit auf das Wild. Hierzu benutzt er zweckmäßig einen Jagdsitzstock, eine Erdhütte, einen Schirm, einen fahrbaren Ein-Mann-Ansitzwagen oder einen Hochsitz. Beim Ansitz werden vorzugsweise alle Schalenwildarten erlegt, ausgenommen das Gamswild, das weitgehend bei der großräumigen Pirsch zur Strecke kommt. Die Witterung kann den Ansitz beeinflussen: Bei Hitze und Dürre zieht das Wild meist erst sehr spät. Ebenso bei Vollmond, weil es dann fast die ganze Nacht außerhalb seiner Einstände steht und sehr früh einzieht. Ungern zieht Schalenwild bei gewittriger Stimmung oder kurz vor einem abendlichen Regen. Besonders günstig sind hingegen die Abendstunden nach einem Gewitterregen. Im Spätherbst und Winter versprechen sonnige Vormittage Erfolg.

**Ansitzdrückjagd** – Eine räumlich konzentrierte, meist mehrere Stunden dauernde Ansitzjagd auf größerer Fläche mit einer größeren

Zahl Schützen, entweder am frühen Vormittag (eventuell nach dem Frühansitz) oder am Nachmittag. Dabei versuchen in der Regel ein oder zwei Treiber das Wild „diskret" auf die Läufe zu bringen, sodass es die Schützen relativ vertraut anwechselt, gut angesprochen und sicher beschossen werden kann.

**Ansitzleiter** – Leitern, die freistehend oder an einem Baum angelehnt gebaut werden. Oben befindet sich ein Sitzbrett. Kanzeln und Leitern können jeweils ohne oder mit Dach gebaut werden.

**Ansitzloch** – Grube, in der der Jäger dem Wild auflauern kann.

**Ansitzsack** – Schlafsackähnliche Gebilde, die hauptsächlich für den Nachtansitz in der kalten Jahreszeit gedacht sind.

**Ansitzstock** – Ansitzstöcke oder Rucksäcke mit integriertem Ansitzstuhl sind bei allen Jagdarten praktisch, bei denen man nicht von fest installierten Ansitzeinrichtungen aus jagen kann oder möchte. So zum Beispiel bei der Pirsch, wenn man zwischendurch immer wieder einmal für einige Zeit an einem günstigen Platz sitzen bleiben will. Auch bei Vorstehtreiben im Feld oder bei Gesellschaftsjagden im Wald, bei denen das Wild nicht auf seinen üblichen Wechseln das Treiben verlässt, können Sitzstöcke für die Schützen vorübergehend hilfreich sein. Häufig genügen sie als Ansitzeinrichtung, vorausgesetzt, man sorgt für minimale Deckung und beachtet den Wind.

**Ansprechen** – Erkennen und Beurteilen des Wildes durch genaue Beobachtung.

**Anstand** – Zählt zur Einzeljagd. Der Jäger erwartet das Wild stehend und in guter Deckung bei Beachtung des herrschenden Windes. Sinnvoll ist der Standort in der Nähe von bekannten Wildwechseln und Äsungsplätzen. Der Anstand ist nur noch wenig üblich, meist wird der bequemere Ansitz vorgezogen.

**Anstandsplatz** – Ort, an dem der Jäger auf das Wild wartet.

**Anzeigepflicht** – 1.) Pflicht zur Anzeige von Wildkrankheiten, zum Beispiel bestimmten Seuchen bei der Ordnungsbehörde. Der Anzeigepflicht bei Wild unterliegen: Afrikanische Schweinepest, Schweinelähme, Aujeszkysche Krankheit, drei Arten von Brucellose, Geflügelpest, Hämorrhagische Krankheit der Hauskaninchen, Maul- und Klauenseuche, Milzbrand, Newcastle-Disease, Pockenseuche, Psittakose, Tollwut, Schweinepest, Haustierseuchen. 2.) Unter Überreichung der Vertragsurkunde muss der Abschluss eines Jagdpachtvertrages gegenüber der Unteren Jagdbehörde angezeigt werden.

Dies gilt auch bei Unter- und Weiterverpachtung. Andernfalls ist der Jagdpachtvertrag nichtig.

**Appell** – Der Hund hat Appell, wenn er gut gehorcht.

**Apportierbock** – Dressurhilfsmittel zum Erlernen des Bringens. Meist hölzerner Block, der bis zu 8 kg wiegen kann und oft in seinem Gewicht veränderlich ist.

**apportieren** – Der Hund apportiert, wenn er seinem Führer Wild bringt.

**Apportierhund** – Zu den Apportierhunden gehören folgende Rassen:

- Labrador-Retriever (stockhaarig, unkupiert, cremefarben, schwarz oder leberbraun),
- Golden-Retriever (langhaarig, unkupiert, cremefarben),
- Flat-Coated-Retriever (stockhaarig, möglichst glatt, unkupiert, schwarz oder leberbraun).

Die Retriever stammen aus England und werden dort nur und ausschließlich zum Apportieren erlegten Federwildes eingesetzt.

Sie jagen allerdings in der Regel stumm, daher sind sie über das Apportieren hinaus jagdlich anderweitig kaum einsetzbar. Allenfalls können sie noch auf der Schweißfährte kranken Wildes eingesetzt werden, wenn sicher ist, dass das nachzusuchende Stück verendet ist. Unschlagbar sind die Retriever bei der Nachsuche auf Enten, also bei der Wasserjagd. Die Retriever sind aggressionsarme Hunde, denen meist auch die Wildschärfe fehlt.

**Arzneipflanzen** – Wild- oder Kulturpflanzen zur Herstellung von Arzneien oder zu anderen Heilzwecken. Viele Pflanzen dieser Art sind wichtige Äsungspflanzen für Wildtiere. Empfehlenswert ist zum Beispiel das Ausbringen von Wildpflanzensamen auf Wildäckern.

**äsen** – Nahrungsaufnahme bei allem Schalenwild und beim übrigen Wild. Ausnahmen: Schwarzwild, Haarraubwild, Greifvögel und Schnepfen.

**Äser** – Das Maul von Haarwild mit Ausnahme des Schwarzwilds und des Raubwilds.

**Ästlinge** – Junge Vögel, die sich außerhalb des Nestes im Baum aufhalten.

**Äsung** – Nahrung bei Pflanzenfressern.

**atzen** – Die Jungen füttern (Raubvögel).

**Atzung** – Nahrung für junge Raubvögel.

**Auerhahnen** – Mehrzahl von Auerhahn (nicht Auerhähne).

A

**Auerhahn tot** – Jagdsignal, das dem Auerhahn gewidmet ist und beim Streckelegen erklingt.

**Auerhenne** – Weibliches Auerhuhn.

**aufblocken** – Sich niederlassen (Greifvögel).

**aufbrechen** – Das Öffnen der Bauchhöhle und Entfernen der Eingeweide von Schalenwild sowie von größerem Federwild.

Das Aufbrechen von Wild unmittelbar nach der Inbesitznahme ist dringend erforderlich. Der Grund: 30 bis 40 Minuten nach Eintritt des Todes bricht die sogenannte Magen-Darm-Barriere zusammen. Dies hat zur Folge, dass sich die im Magen und Darm befindlichen Keime am Wildbret ansiedeln und dort vermehren. Dies führt im Verlauf mehrerer Stunden zur Vergrünung des Bauch- und Brustfells und kann letztlich die Genussunfähigkeit des Wildbrets zur Folge haben.

**aufbringen** – Das Aufziehen der Jungen.

**Aufbruch** – Die gesamten herausgenommenen inneren Organe des Wildes.

**Aufbruch zur Jagd** – Signal, das zu Beginn des Jagdgeschehens erklingt.

**auf die Decke legen** – Erlegen.

**auf die Schwarte legen** – Erlegen (Schwarzwild + Dachs).

**Aufenthaltsort von Wild** → **Einstand**

**aufgenommen haben** – Trächtig sein.

**aufhaken** – Sich auf einem Ast niederlassen (Greifvögel).

**aufhauben** – Einem Beizvogel die Haube aufsetzen.

**aufholzen** – Auf einen Baum klettern.

**aufhören zu schießen** – Jagdsignal, das zur Beendigung des Schießens ermahnt.

**Aufmunterung zum Treiben** – Jagdsignal, das die Jagdgesellschaft zum Treiben animiert.

**aufrichten** → **kegeln**

**aufschärfen** – Aufschneiden der Haut beim Wild.

**aufschneiden** → **aufschärfen**

**aufsetzen** – Geschlechtsakt.

**aufstehen** – Fortfliegen, hochwerden.

**aufziehen** → **aufbringen**

**Augen** → **Lichter**, **Seher**

**äugen** – Sehen.

**Augspross** – Unterstes Ende des Geweihs, unmittelbar über der Rose bei Rot-, Dam- und Sikahirsch.

**aus dem Bau kommen** → **ausfahren**

**aus der Decke schlagen** – Weidmannssprachlicher Ausdruck für Hautabziehen. Bei Schwarzwild und Dachs abschwarten.

**Ausbläser** – Ein Ausbläser liegt dann vor, wenn beim Schuss das Zündhütchen aus der Zündglocke gesprengt wird. Dies ist fast immer auf einen munitionsseitig verursachten Überdruck zurückzuführen (zum Beispiel bei heiß gelagerter oder unsachgemäß wiedergeladener Munition) und stellt eine für Waffe und Schützen gefährliche Situation dar.

**ausbrechen** – Das Wild schlägt eine unerwünschte Richtung ein.

**ausbringen** – Ausgebrütet haben.

**ausfahren** – 1.) aus dem Bau kommen (Dachs); 2.) ausweiden (Auerhahn).

**ausfallen** – Schlüpfen (aus dem Ei).

**ausgefiedert** – Nach der Mauser.

**aushakeln** – Entfernen des Gescheides bei Federwild über die Kloake (Darmausgang) mit einem kleinen Haken; heute nicht mehr gestattet.

**ausmachen** – Den Standort von Wild suchen und finden.

**ausnehmen** – Entfernung der Eingeweide.

**ausneuen** – Das Ausgehen einer Marderspur bei Neuschnee.

**auswechseln** – Ein Revier verlassen.

**ausweiden** → **ausnehmen**

**Auswurf** – 1.) Innereien bei Hase und Kaninchen, die früher „ausgeworfen" wurden; 2.) vor dem Bau liegende Erde, insbesondere vor Dachsbauen.

**Autochorie** – Verbreitung von Samen und Früchten durch die Pflanzen selbst, zum Beispiel bei Selbststreuern.

**Autochthone Wildart** – Ursprüngliche, einheimische Tierart. „Ureinwohner" eines Gebiets.

B

# B

**Bache** – Das weibliche Wildschwein; im zweiten Lebensjahr Überläuferbache, dann zweijährige bzw. dreijährige Bache, ab vier Jahren gute, starke, alte, grobe Bache.

**Backe** – Die Stelle am Gewehrkolben, die beim Zielvorgang an die Wange gelegt wird.

**Balancepunkt** – Der Balancepunkt (der Schwerpunkt) einer Kipplauf-Flinte liegt ca. 60 bis 70 mm vor dem Stoßboden. Umschnürt man den Balancepunkt mit einer Schnur, die man über der Laufschiene verknotet, so muss das Gewehr beim Anheben an der Schnur die Waage halten. Korrekturen werden durch Ausbohren von Schaftholz oder durch Unterlegen von Walzblei unter die Schaftkappe vorgenommen. Unter Stoßboden versteht man die Fläche, an der bei geladenem Gewehr der Patronenboden anliegt. Bei Selbstladeflinten und Repetierflinten (Pump-Flinten) liegt der Balancepunkt (der geladenen Waffe) etwa in der Höhe des Stoßbodens oder wenige Zentimeter vor dem Stoßboden.

**Balg** – Fell von Kleinraubwild. Früher wurde auch das vollständige Federkleid (mit Haut) von Vögeln als Balg bezeichnet.

**Balz** – Liebesspiel und -akt bei Vögeln.

**Balzgesang** – (Festgelegte) Folge von Lauten bei der Balz.

**Balzgräten** – Federn an den Zehen im Winter und Nachwinter.

**Balzhahn** – Balzender Auer- oder Birkhahn.

**Balzjagd** – Die Balzjagd findet im Frühjahr während der Paarungszeit statt. Der Jäger begibt sich in die Nähe eines rufenden Taubers und ahmt den Balzruf nach. Meist steht der Tauber zu. Manchen Jägern genügen zur Nachahmung des Taubers die beiden hohlen Hände. Ganz gut lässt sich der Ruf auf leeren Häusern der Weinbergschnecken imitieren. Im Handel sind mehrere brauchbare Lockinstrumente erhältlich. Bei einer anderen Form der Balzjagd wird der rufende Tauber angesprungen. Der Jäger darf sich aber nur bewegen, solange der Tauber ruft, verschweigt dieser, muss der Jäger zur Säule erstarren.

**Balzkragen** – Die bei der Balz gesträubten Bart- und Halsfedern mancher Vogelarten.

**Balzlaut** → **blasen**

**Balzsprünge** – Luftsprünge des Hahns bei der Balz.

**Balzstifte** – Federn an den Zehen der Waldhühner im Winter und Nachwinter.

**Balzzeit** – Begattungszeit der Waldhühner, Trappen, Fasanen, Wildtauben und Schnepfen.

Bei Rebhühnern, Greifvögeln und Raben spricht man von der Paarzeit, bei Enten von der Reihzeit.

**Basküle** – Teil des Kipplaufgewehrs, der zur Aufnahme von Verschluss- und Schlossbestandteilen dient.

**Basse** – Männliches, erwachsenes Stück Schwarzwild.

**Bast** – Eine empfindliche, gefäß- und nervenreiche, behaarte Haut, die das Gehörn während des Schiebens umgibt. Im Bast verlaufen die Blutgefäße, die dem Gehörn beim Spitzenwachstum die körpereigenen Eiweißstoffe – vor allem Kalk – zuführen. Sobald das Gehörnwachstum abgeschlossen ist, wird der Bast gefegt. Das geschieht meist in wenigen Stunden.

**Bastbock** – Bock mit noch nicht verfegtem Gehörn.

**Basthirsch** – Hirsch, dessen Geweih noch mit behaarter Haut (Bast) umgeben ist.

**Bau** – Gegrabenes Wohnhöhlensystem, zum Beispiel bei Fuchs, Dachs oder Kaninchen.

**Baujagd** – Die Jagd auf Wildarten im Bau. Fuchs, Dachs, Waschbär und Kaninchen werden auf diese Weise bejagt. Gelegentlich werden dabei auch Katze und Iltis erlegt, die sich zufällig im Bau aufhalten. Als Hunde eignen sich Dackel (Teckel), Fox- und Deutscher Jagdterrier sowie neuerdings der Jack-Russel-Terrier oder vereinzelt auch andere Terrierrassen. Auf Kaninchen wird meist unter Einsatz von Frettchen gejagt, das Frettieren ist eine der reizvollsten Jagdarten auf dieses Wild.

**baulaut** – Bei Hunden: Laut geben, obwohl sich kein Wild im Bau befindet.

**baumen** – Sich auf einen Baum setzen.

**Beendigung der Jagd** → **abblasen**

**beeren** – Beeren fressen.

**befahrener Bau** – Benutzter Bau.

**beflogen** – Flugfähig.

**Begattungszeit** → **Balzzeit**, **Brunftzeit**, **Blattzeit**

**Begrüßung** – Jagdsignal, das zur Begrüßung der Jagdgesellschaft erklingt.

**Behänge** – Die Ohren des Hundes. (Terrier: Ohren) Das Alter der Schweißhunde wird angegeben in Behängen, die der Schweißhund auf kalter, gesunder Hochwildfährte gearbeitet hat. Ein Behang ist die Zeit ab dem Frühjahrsverfärben des Rotwildes bis nach der Feistzeit. Ein Schweißhund im fünften Lebensjahr steht also im vierten Behang.

**Beihirsch** – Nachrangiger Hirsch beim Brunftbetrieb, mitlaufender Hirsch im Rudel.

**Bein** → **Lauf**

**Beitritt** – Fährtenzeichen des Rothirschs.

**Beizjagd** – Beizjagd ist – nach einer sog. ‚Legaldefinition' – die Jagd mit Greifen und Falken (§ 15 Abs. I, Satz 3 BJagdG). Hierzu werden in der Bundesrepublik Falken und Habichte, seltener auch Adler verwendet.

**belegen** – Vollzug des Deckaktes vor allem bei Hunden.

**Bell** – Kleine, runde Schelle, die der Beizvogel an einem Fang trägt.

**bellen** – Lautäußerung bei Hunden, Füchsen aber auch Warnlaut bei Rehwild.

**Bergstutzen** – Kipplaufwaffe mit großem und kleinem Kugellauf, meist übereinander angeordnet.

**beschlagen** – Geschlechtsakt ausführen.

**beschlagen sein** – Trächtig sein.

**bespringen** – Geschlechtsakt ausführen.

**Bestandspflege** – Waldbauliche Maßnahmen, die der Aufgabe dienen, das forstliche Betriebsziel zu erreichen. Dazu zählen die vor allem im Altersklassenwald klar trennbaren Einzelarbeiten, die Jungwuchspflege durch die Entfernung unerwünschter Bäume und Sträucher, die Dickungspflege, die einer „Säuberung" entspricht, die Jungdurchforstung durch Begünstigung der besten Stücke und die Lichtwuchsdurchforstung zur Förderung des Dickenwachstums.

Durchforstungen nennt man die Pflegemaßnahmen, bei denen bereits verwertbares Holz anfällt, die Grenze beginnt bei etwa 7 cm Durchmesser der „Stämme". Die Durchforstungen tragen somit bereits einen beträchtlichen Teil der Gesamtmassenleistung des Bestandes.

**bestätigen** – Ein Stück Wild an bestimmten Zeichen (Fährten, Himmelszeichen, etc.) feststellen.

**besteigen** – Geschlechtsakt ausführen.

**Besuch** – Gang des Jägers mit Hund ins Revier.

**Bettelruf** → **lahnen**

**Betze** – Weibliches Tier.

**Beutegreifer** → **Jagdtrieb**

**Bezoarsteine** – Im Pansen von Stein- und Gamswild, aber auch von anderen Wiederkäuern finden sich manchmal fest verfilzte, relativ harte kugel- oder eiförmige, bis 15 cm große Gebilde aus Pflanzenresten, Harz, Haaren und anderen unverdaulichen Bestandteilen, die als Bezoarsteine bezeichnet werden.

**Biotische Schäden** – Durch Lebewesen verursachte Waldschäden. Bekannteste Beispiele sind Schäden durch Borkenkäfer oder Wild, unter anderem gehören dazu aber auch verschiedene Insekten, Pilze, Mäuse und Krankheitserreger wie Viren, Bakterien, Mykoplasmen und so weiter

**Biotop** – Ein abgegrenzter Lebensraum für Pflanzen und Tiere.

**Blanke Waffen (= kalte Waffen)** – Sammelbegriff für alle Stich- und Schneidewaffen. Sie werden auch als kalte Waffen bezeichnet. Sie stehen im Gegensatz zu den früher als „Feuerwaffen" bezeichneten Schusswaffen. Bei der Jagd werden vor allem Weidmesser mit feststehender Klinge benutzt, üblich sind auch Klappmesser, die manchmal mit Zusatzklingen bzw. -werkzeugen versehen sind. Saufeder und Hirschfänger werden heute meist nur noch als Traditions- und Dekorationswaffe genutzt. Jagd- und Weidmesser sowie Nicker werden beim Abfangen oder Abnicken, beim Aufbrechen und Zerwirken des Wildes und beim Zerlegen des Wildbrets benötigt.

**blasen** – 1.) Balzlaut des Birkhahnes; 2.) Warnlaut beim Schwarzwild.

**Blasengehörn** – Bezeichnung für das Gehörn des Rehwilds mit blasenförmiger Missbildung. Sie wird häufig durch eine Eiterung während des Wachstums verursacht.

**Blatt** – Schulter.

**blatten** – Nachahmen der Kontaktlaute von weiblichem Rehwild während der Brunft, Lockjagd auf den Rehbock.

**Blattfang** → **abfangen**

**Blattjagd (= Blatten)** – Die Lockjagd auf den Rehbock. Sie ist die verbreitetste Jagdart und bedeutet, dass das Wild mit der Stimme herangelockt wird. Das Fiepen der brunftigen Ricke wird vom Jäger mit dem Buchen- oder Fliederblatt oder einer käuflichen „Blatter" nachgeahmt. So wird versucht, den Bock zum „Springen" zu veranlassen. Windstille Tage gegen Ende der Brunft – also etwa die erste bis zweite Augustwoche – gelten als die beste Blattzeit. Die Böcke verhalten sich sehr verschieden. Der eine springt stürmisch und schnell, der andere lässt sich viel Zeit und zieht geräuschlos gegen den Wind, der dritte reagiert offenbar gar nicht auf die Töne. Beim erfolgreichen Blatten ist stets die Nähe des Bockes der entscheidende Faktor. Übersichtliche Alt- und Stangenhölzer sind als Ort zu empfehlen. Gute Deckung und langsame Bewegungen des Jägers bringen Erfolge. Beachten sollte man, dass der Bock rasch „verblattet" ist, wenn der Jäger zu häufig und zu ungeduldig von dem Lockinstrument Gebrauch macht.

**Blattschlagen (= Pfunde geben)** – Ein alter Jagdbrauch, mit dem ein Jäger bestraft wird, der gegen die Regeln oder Sitten verstoßen hat. Der Sündenbock muss sich über ein erlegtes Stück legen und wird von den anderen Jägern mit der flachen Klinge des Hirschfängers drei Mal aufs Gesäß geschlagen. Anschließend muss sich der Bestrafte bedanken. Währenddessen lüften die anderen Jäger den Hirschfänger.

**Blattschuss** – Ein Schuss, der das Wild aufs Blatt trifft und Herz oder Lunge zerstört. Der B. muss in dem vom Schulterblatt und Oberarm gebildeten, nach hinten offenen Winkel sitzen, damit nicht unerwünschte Blutergüsse entstehen, die sich zwischen den Muskelpartien der Schulterblätter bilden und das Wildbret unansehnlich und geringwertig machen. Beim Auftreffen des Büchsengeschosses macht das (Reh-)Wild beim Blattschuss eine hohe (manchmal auch nur eine lang gestreckte flache) Flucht und stürmt dann mit tiefem Haupt in schnellster Flucht vorwärts, bis es zusammenbricht, wobei es zuletzt auch Bäume und Sträucher anflieht (anrennt). Nach dem Zusammenbrechen hört man meist noch kurze Zeit ein heftiges Schlegeln (Schlagen mit den Läufen). Je tiefer der B. sitzt, umso steiler ist die Flucht beim Auftreffen des Geschosses. Trifft das Geschoss die hinteren Partien der Lunge, schlägt das Wild auch manchmal, wie beim Nierenschuss, mit den Hinterläufen aus.

**Blattzeit** – Begattungs-, Fortpflanzungszeit bei Rehwild.

**blähen** – Blöken.

**Blume** – Schwanz beim Hasen und Kaninchen.

**Bock** – Das männliche Rehwild vom dritten Lebensjahr an.

**Bockgewehr** – Gewehre mit übereinander liegenden (aufgebockten) Läufen.

**Bockkitz** – Männliches Rehwild im ersten Lebensjahr.

**Böhmische Streife** – Bezeichnung für eine Treibjagd in Linienform ohne Vorstehschützen, jedoch vorgezogenen Schütze an den Flanken.

**Borke** – Äußerster, abgestorbener Teil der Rinde bei Holzgewächsen.

**Borsten** – Haare beim Schwarzwild.

**Boviden** – Hornträger. Sie werfen ihren Kopfschmuck nicht ab. Zu den Boviden gehören Wisent, Gams-, Stein- und Muffelwild. Ihre Hörner, Schnecken, Krucken sitzen auf langen Stirnzapfen und wachsen von unten ständig nach.

**Bracken** – Die ältesten Jagdhunde überhaupt. Aus ihnen sind nahezu alle hängeohrigen Jagdhundrassen durch Selektion entstanden. Typisch für alle Bracken sind feinste Nase und lockerer Spurlaut sowie ausgeprägter Spurwille.

Die ursprüngliche Aufgabe der Brackier- und Laufhunde war das Brackieren (Auffinden von Hase und Fuchs und lang anhaltendes lautes Verfolgen des Wildes, bis dieses aufgrund seiner Standorttreue in einem großen Bogen wieder zum Ausgangspunkt der Jagd zurückkehrt). Da der Gesetzgeber mittlerweile dafür eine Fläche von mindestens 1.000 ha vorschreibt, ist das Brackieren nur noch in wenigen Gegenden möglich. Alle Bracken finden jedoch auf den großflächigen Drückjagden gute Einsatzmöglichkeiten auf alles Schalenwild. Aufgrund ihrer hervorragenden Nasenleistung sind sie auch für Nachsuchen bestens geeignet. Die früher vielfältigen Formen sind in Deutschland heute überwiegend in zwei Schlägen aufgegangen. Die Deutsche (Olper/ Sauerländer) Bracke und die kleinere Westfälische Dachsbracke werden vom gleichen Zuchtverband (Deutscher Bracken Club) betreut. Bekannt sind darüber hinaus die Alpenländische

(Erzgebirgler) Dachsbracke, die Brandelbracke, die Tiroler Bracke, die Steirische rauhaarige Hochgebirgsbracke (Peintinger Bracke), den Slovensky Kopov (Schwarzwildbracke) sowie die aus England stammenden Beagle, Foxhounds und Bassets.

**brackieren** – Der Hund brackiert, wenn er einen Hasen auf seiner Spur so lange jagt, bis dieser in die Nähe seiner Sasse zurückkommt.

**Branten** – Die Pfoten des Haarraubwildes.

**brechen** – Den Boden bei der Nahrungssuche aufwühlen (vor allem Schwarzwild); eine Kessel brechen (bauen).

**Breitschnäbel** – Bezeichnung für alle Wildentenarten.

**Brenneke, Wilhelm** – Wilhelm Brenneke war ein Pionier auf dem Gebiet der Jagdballistik, Waffen- und Geschosskonstruktion.

**Bringsel** – Ein an der Halsung des Hundes hängendes, kleines Lederstück. Das Bringsel steht in Zusammenhang mit dem Totverweisen, das darin besteht, dass der Hund seinen Führer zu einem verendenden Stück Wild führt. Als Bringselverweisen bezeichnet es der Jäger, wenn der Hund seinen Wildfund anzeigt, indem er einen Lederwulst an seiner Halsung in den Fang nimmt und mit diesem Zeichen zu seinem Führer zurückkehrt.

**Brucellose** – Seuche (drei Arten) mit Anzeigepflicht; wird von kleinen Bakterien verursacht.

1887 entdeckte der Engländer Bruce durch Brucella-Bakterien hervorgerufene Krankheiten bei Rindern, Schweinen, Schafen und Feldhasen. Es traten Erkrankungen der Genitalien, des Gesäuges, des Tragsackes und der Milz sowie seuchenhafte Fehlgeburten (Aborte) auf. Die Infektion der Hasen erfolgt mit der Äsung und beim Rammeln. Durch direkte Berührung kranker Tiere kann auch der Mensch an Brucellose erkranken (zur Untersuchung Schutzhandschuhe verwenden!). Erkrankte Hasen sind genussuntauglich. Der infizierte Mensch leidet an Fieberanfällen. Seine Leber und Milz schwellen an. Brucellosefälle treten – wegen der Tilgung bei Haustieren – nur noch selten beim Wild auf. Die Hasenbrucellose geht mit schweren Genitalerkrankungen einher. Bei Rammlern erkranken hauptsächlich die Hoden und Nebenhoden (das Geschröt), bei Häsinnen der Tragsack, bei beiden außerdem stets auch die Milz und daneben die Leber und Lunge. Die erkrankten Organe sind stark vergrößert und zeigen Abszesse mit käsigem oder zähflüssigem Eiter. Vorsicht: Es besteht auch Infektionsgefahr für Menschen und andere Tiere.

**Brüche** – Gebrochene Zweige bestimmter Baumarten. Der Jäger nutzt sie, um anderen Nachrichten zukommen zu lassen, indem er sie verschieden bearbeitet und positioniert. Über die Brüche, die praktischen Wert haben, hinaus gibt es Brüche, die nur noch symbolische Bedeutung bzw. als Schmuck dienen. Brüche sollen grundsätzlich gebrochen und nicht geschnitten werden.

Wir kennen Verständigungsbrüche (Haupt-, Leit-, Anschuss-, Fährten-, Standplatz-, Warte- und Warnbruch), Streckenbrüche (Inbesitznahmebruch und Letzter Bissen), Beutebrüche (Erleger- und Hundebruch) und Schmuckbrüche (Standesbruch, Trauerbruch, Brüche zur Dekoration der Strecke oder der Weidtafel).

Grundsätzlich gelten Kiefer (auch Latsche und Zirbelkiefer), Fichte, Tanne (Weiß-Tanne), Eiche und Erle als bruchgerechte Holzarten. Besondere Umstände lassen jedoch auch andere Holzarten oder Pflanzen zu. Eine Beschränkung auf die bruchgerechten Holzarten macht keinen Sinn und kann sogar schaden, wenn zum Beispiel für den Anschussbruch im nahen Umkreis kein entsprechender Baum zur Verfügung steht.

**Bruchzeichen** – Jagd und Jäger berufen sich auf eine lange Tradition, und auch die Bruchzeichen geben darüber Auskunft, hatten sie doch in früherer Zeit einen besonderen Reiz: Mit ihrer Hilfe verständigten sich erfahrene Jäger unauffällig miteinander. Sie konnten kommunizieren, ohne dass der unerfahrene Wanderer davon ahnte. Vom 17. bis 19. Jahrhundert war es vor allem der Berufsjäger – angestellt an einem der Fürstenhöfe –, der sich voller Stolz dieser Geheimsprache bediente. Darüber hinaus ist es von alters her Sitte, das erlegte Wild, den Hund und den Jäger selbst mit Brüchen zu schmücken.

Seit den 30er Jahren unseres Jahrhunderts liegt das Augenmerk bei den Baumarten vor allem auf Eiche, Erle, Tanne, Fichte und Kiefer, wenn von Brüchen die Rede ist. Auch Latsche und Zirbelkiefer sind bruchgerecht. Diese Vorliebe hat sich im Laufe der Zeit geändert: Im 18. Jahrhundert zählte die Buche zum Kreis der bruchgerechten Baumarten. Heute kommt es jedoch nicht mehr in erster Linie auf die Baumart an: Der symbolische Akt ist wichtiger. In der Regel wird der Jäger Zweige verwenden, die gerade greifbar sind.

Ist das Legen der Verständigungsbrüche – also des Haupt-, Leit-, Folge-, Anschuss-, Fährten-, Standplatz-, Warte- und Warnbruchs – zur stillen Kommunikation heute selten geworden, werden andere Bruchzeichen nach wie vor gerne gelegt: So zählt der Inbesitznahmebruch, der auch als Wild- oder Streckenbruch bezeichnet wird, zum Alltag des Jägers. Er wird vor allem beim Streckelegen verwendet, ist ungefähr unterarmlang und wird dem erlegten Schalenwild aufs linke Blatt gelegt. Bei weiblichen Stücken zeigt die Spitze, bei männlichen das abgebrochene Ende des Zweigs zum Haupt. Auch das Legen des Letzten Bissens ist heute noch üblich: Er wird dem gestreckten Schalenwild – in Bayern und Österreich auch Auer-, Birk-, Haselhahn – in den Äser, das Gebrech oder in den Schnabel gesteckt.

Beliebt ist auch der Schützenbruch, der in der Regel vom Jagdherrn mit dem Schweiß des erlegten Stückes benetzt und dem Schützen beim Verblasen der Strecke überreicht wird. Auch nach einer Nachsuche übergibt der Hundeführer dem Schützen den Bruch, der gern einen Zweig abbricht und ihn dem Hund an die Halsung hängt.

Auch die Verständigungsbrüche erklären sich teilweise schon durch ihre Namen: So hat der Hauptbruch, dessen Rinde abgeschabt ist, um ihn auffälliger zu machen, stets eine warnende Bedeutung. Der Jäger soll erkennen, dass in der Nähe etwas Wichtiges passiert.

Der halbarmlange Folge- oder Leitbruch signalisiert: „Folge der gewachsenen Spitze".

Der Anschussbruch, senkrecht in die Erde gesteckt, kennzeichnet die Stelle des Anschusses.

Beim Schalenwild wird der Anschussbruch durch den Fährtenbruch ergänzt, der mit dem Nicker angespitzt und unbefegt ist. Er zeigt die Richtung an, in die das Wild floh.

Der Wartebruch, bestehend aus zwei gekreuzt übereinander gelegten, armlangen Brüchen, fordert zum Warten auf.

Drei nebeneinander liegende Wartebrüche kennzeichnen den Sammelplatz.

**Brunft** – Begattungs-, Fortpflanzungszeit bei Rotwild und anderen Schalenwildarten.

**Brunftbrand (= Brunftfleck)** – Schwärzliche Färbung um den Penis des Rotwildes während der Brunft.

**brunften** – In der Zeit aktiver Geschlechtstätigkeit sein.

**Brunftfeigen (= Postcornualdrüsen)** – Liegen beim Gamswild (beiderlei Geschlechts) hinter den Krucken am Hinterhaupt und dienen der Markierung. Durch Reiben der Brunftfeigen an verschiedenen

Pflanzen werden Geruchsmarken gesetzt.

**Brunfthirsch** – Starker Hirsch mit Brunftrudel.

**brunftig sein** – In der Zeit aktiver Geschlechtstätigkeit sein (Schalenwild).

**Brunftjagd oder Lockjagd** – Die Jagd auf Schalenwild zur Paarungszeit unter Berücksichtigung des besonderen Brunftverhaltens, das sich in Lauten äußert. Das Angehen eines Hirsches mit dem Hirschruf verlangt aber Erfahrung. Es gilt, die Risiken, die gerade bei dieser Jagdart gegeben sind, abzuwägen und schnell zu entscheiden.

**Brunftkämpfe** – Gleichrangige Hirsche kämpfen durch frontalen Zusammenstoß mit ihren Geweihen nach vorherigem Imponiergehabe und festen Regeln. Ein tödlicher Ausgang ist eher selten, kommt aber vor.

**Brunftkugel** – Hoden bei männlichem Schalenwild. Die Untersuchung der Brunftkugel dient der Feststellung, ob sie vom normalen Erscheinungsbild abweichen. Als Abweichungen gelten ungewöhnliche Schwellungen der Hoden. Darüber hinaus hat er festzustellen, ob die Hoden vereitert sind. Hierzu muss er sie auslösen und der Länge nach aufschärfen. Schwellungen und Vereiterungen sind das Ergebnis einer durch Bakterien hervorgerufenen Infektion. Finden sich Schwellungen oder Vereiterungen, dann sind die betreffenden Stücke ohne Ausnahme zur amtlichen Fleischuntersuchung anzumelden.

**Brunftkuhle** – Eine flache Mulde, die der Damhirsch (in abgeschwächter Form auch der Rothirsch) schlägt. Sie wird zu Beginn der Brunft eingenommen.

**Brunftmähne** → **Kragen**

**Brunftplatz** – Eine in der Regel möglichst übersichtliche, ebene Fläche. Hier findet die Brunft statt. Der Platzhirsch sichert hier sein Brunftrudel mit Imponiergehabe, vertreibt die Beihirsche und kommt zum Beschlag. Oft sucht er jedes Jahr den gleichen Brunftplatz auf.

**Brunftrudel** – Platzhirsch treibt mehrere Alt- und Schmaltiere zur Begattung zusammen.

**Brunftrute** – Männliches Geschlechtsorgan beim Rotwild.

**Brunftschild** – Schwärzliche Färbung um den Penis während der Brunft.

**Brunftwittrung** – Der Geruch, der den Hirsch zur Brunftzeit umgibt.

**Brunftzeit** – Die Begattungszeit des wiederkäuenden Schalenwildes wird als Brunftzeit bezeichnet. Sie setzt normalerweise nur einmal im Jahre ein: Ende Juli beim Rehwild, ab Ende September zwei bis vier Wochen beim Rotwild und einen Monat später beim Damwild, einen weiteren Monat später (November) beim Gams-, Stein-, Muffel- und Schwarzwild; beim Rehwild heißt diese Zeit Blattzeit, beim Schwarzwild Rauschzeit. Beim weiblichen Schalenwild ist der Brunftzustand durch das sichtbare Anschwellen des Feuchtblattes (des äußeren weiblichen Geschlechtsteiles) und durch die Brunftfalte gekennzeichnet.

**Brusthöhle** → **Kammer**

**brüten** → **hecken**

**Brutzeit** → **Heckzeit**

**Brutzeiten** – Das Wort hat verschiedene Bedeutungen:

- Bezeichnung für die Jahreszeit, in der die Vögel in einem Gebiet die Revierbesetzung, Paarbildung, Eiablage sowie die Bebrütung und Aufzucht der Jungen vornehmen.
- Brutzeit umschreibt auch die Bebrütungszeit für ein Gelege.
- Brutzeit umfasst die Brutdauer für ein Ei von der Ablage bis zum Schlüpfen.
- Als Rechtsbegriff umschreibt das Wort die Setz- und Brutzeiten.

**Büchse** – Langwaffe zum Verschießen von Kugelpatronen. Für den Jagdgebrauch werden ein- und mehrläufige Kipplauf-Büchsen als Handspannerbüchse, Selbstspannerbüchse und Hahn(en)büchse benutzt. Des Weiteren einläufige Büchsen als Repetierbüchse (Zylinderverschlussbüchse, Vorderschaftrepetierbüchse), Blockbüchse und Selbstladebüchse.

**Büffel** – Ein älterer Rothirsch mit normaler Hirschfigur, aber ohne Geweih.

**buschieren** – Das Suchen des Hundes im bedeckten Gelände unter der Flinte.

**Bürzel** – Schwanzfedern bei Entenvögeln.

# C



**Caniden** – Hundeartige.

**Cerviden** – Alle Hirschartigen; Ableitung vom lateinischen Cervus = Hirsch.

Zählt mit den Boviden zur Familie der Wiederkäuer. Meist trägt nur das männliche Tier ein Geweih. Ausnahme: Ren. Cerviden haben an der Leber keine Gallenblase.

Unterschieden werden sieben Unterfamilien: Echte Hirsche, Trughirsche, Elche, Rentiere, Moschustiere, Muntjakhirsche und Wasserhirsche.

**changieren** – Das (unerwünschte) Überwechseln von einer kalten auf eine wärmere, frischere Spur (Fehler) bei der Nachsuche oder beim Brackieren.

# D

**Dachsbär** – Männlicher Dachs.

**Dächsin** – Weiblicher Dachs.

**Dackellähme** – Ein durch Bandscheibenschaden verursachter Vorfall der Bandscheibe in den Wirbelkanal. Durch Kompression (Quetschung) des Rückenmarks kommt es je nach Lokalisation und Ausmaß der Kompression zu verschiedenen nervalen Ausfallerscheinungen mit z. T. heftigen Schmerzen. Oft berichten die Besitzer, dass die Hunde nicht mehr Treppen hinauflaufen möchten oder mit ihren Hinterläufen nicht mehr hoch kommen. Manchmal sind die Hunde hoch empfindlich, wenn sie berührt oder aufgehoben werden. In anderen Fällen beobachten die Besitzer schlagartige Lähmungen, eventuell begleitet von einem Aufschrei beim Treppenlaufen oder Hochspringen. Bei all diesen Krankheitserscheinungen sollte unverzüglich ein Tierarzt aufgesucht werden.

**dahinsiechen** → **kümmern**

**Damhirsch** – Männliches erwachsenes Damwild.

**Damhirschkalb** – Männliches junges Damwild.

**Damschmalspießer** – Männliches Damwild im 2. Lebensjahr.

**Damschmaltier** – Weibliches junges Damwild im 2. Lebensjahr.

**Damspießer** – Männliches Damwild im 2. Lebensjahr, mit Spießen ohne Rosen.

**Damwildkalb** – Weibliches junges Damwild.

**Darm** → **Geschlinge**

**Das Ganze** – Zu Beginn des Treibens ertönen die Leitsignale „Das Ganze" und „Langsam treiben". Beim Kesseltreiben wird das Signal „Das Ganze" mit dem Signal „Halt" und „Langsam treiben" verbunden.

**Deckakt** → **belegen**

**Decke** – 1.) die Haut von allem Schalenwild, außer Schwarzwild; 2.) das Fell von Bär, Luchs und Wolf; 3.) das Fell des Hundes; 4.) die mittleren Stoßdeckfedern der Vögel, insbesondere Greifvögel

**decken** – 1.) Begatten beim Haarwild (ohne Schalenwild); 2.) fassen und festhalten von Schalenwild durch Hunde (auch „binden").

**Deckfedern** – Federn, die Schwung- oder Schwanzfedern teilweise bedecken.

**Demarkationslinie** – Im Winter lösen sich unmittelbar unter der Rose (Geweih) in einer dünnen Schicht die Knochenzellen von außen nach innen auf. Dies wird als Demarkationslinie bezeichnet. Sobald der Halt zwischen Rosenstock und Stange zu gering wird, bricht diese ab, sie wird abgeworfen.

**dick gehen** – Trächtig sein.

**Doppelbüchsdrilling** – Waffe mit zwei nebeneinander liegenden Büchsenläufen und einem darunter angebrachten Schrotlauf; auch der Büchsflintendrilling besitzt zwei Kugelläufe (Büchsflinte mit unten liegendem zusätzlichem Kugellauf).

**Doppelbüchse (= Doppelkugel)** – Eine Waffe mit zwei gezogenen, nebeneinander liegenden Büchsläufen zum Verschießen von Kugelpatronen. Bei der Bockbüchse liegen die Läufe übereinander.

**Doppelflinte (= Querflinte, Zwilling)** – Gewehr mit zwei nebeneinander liegenden Flintenläufen zum Verschießen von Schrotmunition und Flintenlaufgeschossen.

**Doppelkopf** – Ein Geweih (vor allem bei Reh- aber auch bei Rot- und

Damwild), wenn sich bei einem meist jungen Rehbock am nicht abgeworfenen Gehörn des Vorjahres ein neues Gehörn gebildet hat, das das alte – meist Spieße – einschließt. Hier hat die hormonelle Steuerung der jährlichen Gehörnneubildung nicht funktioniert.

**doppeln** – Gleichzeitiges Lösen von zwei Schüssen.

**Double Action** – Double Action heißt soviel wie „doppelte Bewegung", womit die Möglichkeit zur Ausführung von zwei Waffenfunktionen gleichzeitig gemeint ist: Man kann bei Pistole und Revolver sowohl mit vorgespanntem als auch mit nicht vorgespanntem Hahn schießen.

**drahthaarig** – Haarvariation; rauhaarig (Hund).

**Drall** – Unter Drall versteht man die von den gewundenen Zügen und Feldern dem Geschoss vermittelte Drehung um seine Längsachse.

**Dreiköpfer** – Damhirsch vom dritten Kopf.

**Dreiläufer** – Junghase mit neun Monaten.

**Drossel** – Luftröhre.

**Drosselkopf** – Kehlkopf.

**drücken** – 1.) aus der Deckung treiben von Wild; 2.) sich d. – Feindvermeidungsverhalten bei Jungwild.

**Drückjagd** – Eine Form der Gesellschaftsjagd auf Schalenwild, insbesondere bei Rotwild angewandt und ähnelt der Treibjagd. Der Unterschied ist, dass meist nur ein bis zwei Treiben pro Jagdtag angesetzt sind. Drückjagden sind leises Jagen. Die Jägerzahl kann sehr klein sein. Standruhe und ständige Aufmerksamkeit werden verlangt. Das Wild wird – ohne Hunde und mit nur wenigen Treibern – in der Regel langsam gegen den Wind in Richtung Jäger gedrückt. Dies erleichtert Ansprechen und Schussabgabe.

**Dublette** – Der Jäger hat zwei Stück Wild mit zwei unmittelbar aufeinander folgenden Schüssen erlegt.

**Dünnung** – Flanken des Schalenwilds von den Rippen bis zu den Keulen.

**Duplex-Ladung** – Versuch, die Leistung der Schrotpatrone mit einem abgestuften Gemisch aus Schroten unterschiedlicher Durchmesser (zum Beispiel 2,5 mm plus 3,5 mm) verbessern zu wollen.

**durchbrechen** – Zurückfliehen des Wildes durch die Treiberkette.

**Durchschläger** – Durchschläger entstehen, wenn der Schlagbolzen beim Auslösen des Schusses das Zündhütchen oder (bei Randfeuerpatronen) den Hülsenrand perforiert. Treten dabei Pulvergase nach hinten aus, so spricht man von Hülsenbläsern oder Rückbläsern, die zu Waffenbeschädigungen und Verletzungen des Schützen führen können. Ursache ist meist ein zu langer, beschädigter oder schräg auftreffender Schlagbolzen, eine zu kräftige Schlagfeder oder eine zu weite Schlagbolzenführung. Beim Auftreten von Durchschlägern und Rückbläsern ist die Waffe zum Büchsenmacher zu bringen.



# E

**Eber** – Männliches erwachsenes (Haus-)Schwein.

**Eckzähne** → **Fänge**, **Fangzähne**

**Eigenjagdbezirk** – Zusammenhängende Grundflächen, auf denen ein und dieselbe Person oder eine Personengemeinschaft Eigentümer oder Nutzungsberechtigter ist. Sie müssen eine bestimmte Mindestfläche besitzen (in der Regel 75 ha).

**Eigenwitterung** – Geruch, der jedem Wild zu eigen ist.

**einbrechen** – Den Boden bei der Nahrungssuche aufwühlen.

**einfahren** – In den Bau gehen (Dachs).

**Einfahrt** – In den Bau führender Gang.

**einfallen** – Landung aus dem Flug beim Federwild, auf Feld (Tauben, Gänse) oder Gewässer (Entenvögel).

**eingehen** – Sterben aufgrund natürlicher Todesursachen (Krankheit, Hunger, Alter).

**Eingeweide** → **Gescheide**

**Eingriff** – Tief in den Boden eingreifende Abdrücke der Schalen.

**Einhakmontage** – Zielfernrohrmontage, die handwerkliches Können voraussetzt. Sie wird heute mehr und mehr von den Schwenkmontagen abgelöst.

**einkesseln, (sich) einkesseln** – Schwarzwild sucht den Kessel auf.

**einschieben, (sich) einschieben** – Sich hinlegen (Schwarzwild).

**einschlagen, (sich) einschlagen** – Schwarzwild sucht den Kessel auf.

**einspringen** – Der Hund springt ein, wenn er Niederwild aufjagt, ohne zuvor vorgestanden zu haben bzw. beim Vorstehen das Herankommen des Jägers nicht abgewartet hat.

**Einstand** – Regelmäßiger Aufenthaltsort von Wild, insbes. Schalenwild.

**Einstecklauf** – Lose Läufe für (meist) kleinkalibrige Patronen, die in Läufe größeren Kalibers eingebaut (eingesteckt) werden.

Im engeren Sinn meint man den in den Schrotlauf einer kombinierten Waffe eingebauten kleinkalibrigen E-Lauf; im weiteren Sinn zählen alle mit eigenen Läufen oder Laufansätzen versehenen Einsteckpatronen und Fangschussgeber hinzu, auch die KK-Einstecksysteme für Repetierbüchsen sowie Einstecklläufe auch in Pistolen oder Revolver.

**einwechseln** – In ein Waldstück ziehen.

**Einzeljagd** → **Ansitz**

**Eiruhe** – Bei manchen Tierarten tritt eine verlängerte Tragzeit auf. Die Begattung mit Befruchtung der Eizelle liegt weit früher vor der Geburt als die Entwicklung des Embryos benötigt. Die Eiruhe (Keimruhe = verlängerte Tragzeit) ist unter anderem bekannt bei Rehwild, Marder, Dachs, Hermelin, Seehund und Fischotter.

**Ejektor** – Eine vor allem bei Kipplaufwaffen für das Flüchtigschießen (zum Beispiel Bockflinten und Doppelbüchsen) zu findende Vorrichtung zum automatischen Auswerfen der Hülse.

Da der sich beim Schließen der Waffe selbstspannende E. erst durch das Abschlagen des Schlosses aktiviert wird, müssen Patronen zum Entladen von Hand entnommen werden. Man unterscheidet Federdruck- und Schlagstück-Ejektoren System Holland & Holland.

**Ektoparasiten** – Parasiten, die sich an der Körperoberfläche der Wirtstiere aufhalten (zum Beispiel Flöhe und Zecken). Gegensatz: Endoparasiten.

**Endemit** – Tier- oder Pflanzensippe, die auf ein bestimmtes Gebiet beschränkt ist. Im Gegensatz zum üblichen Gebrauch in der Tiergeographie wird der Begriff in der Pflanzengeographie meist nur auf räumlich wenig umfangreiche Gebiete, insbesondere auf natürlich abgegrenzte Inseln oder Gebirge angewendet. (Bayr. Min. f. Ern., Landw. und Forsten)

**Ender** – Mit den Wortzusammenstellungen auf ...ender wird die entsprechende Anzahl von Geweih-Enden beschrieben: Achtender,

Zehnender, Vierzehnender. Dabei wird nur eine Stange zur Zählung herangezogen, deren Enden verdoppelt werden. Finden sich an beiden Stangen gleich viele Enden/Sprossen, spricht man von einem „geraden" 8-, 10-Ender und so weiter, bei ungleicher Endenzahl wird nur die jeweils endenfreudigere Stange berücksichtigt.

**Entenlocker** – Lockinstrument zur Nachahmung der Entenstimmlaute.



**Entomochorie** – Durch Insekten bedingte Verschleppung von Organismen, im engeren Sinne Verfrachtung von Pflanzendiasporen durch Insekten.

**Entropium** – Krankheit; die Augenlider des Hundes stülpen sich nach innen.

**eräugen** – Erblicken/sehen.

**Erdhund** – Hund vornehmlich für die Arbeit unter der Erde auf Fuchs und Dachs (Teckel, Terrier).

**erkaltete Spur** – Mindestens zwei Stunden alt.

**erlegen** – Töten von Wild.

**Erleger** – Beim Kugelschuss gilt als Erleger der Schütze, der dem Stück den ersten wirksamen Schuss weidgerecht angetragen hat und aufgrund dessen das Stück mit einem brauchbaren Jagdhund zur Strecke gekommen wäre. Beim Schrotschuss gilt jedoch abweichend davon das Recht des letzten Schusses. Der Schütze, der den letzten wirksamen Treffer anbringen konnte, gilt als Erleger, wenn das beschossene Wild noch bewegungsfähig war und sich nicht mehr im Schussbereich des früheren Schützen befand. In Zweifelsfällen entscheidet der Jagdleiter. Es gilt jedoch als unschön, sich um die Beute zu streiten.

**Erlegerbruch (= Beutebruch)** – Steht dem Erleger eines Stückes Schalenwild zu (lokal auch Auer- und Birkhahn, Murmel sowie Kugelfuchs).

Der dreisprossgroße Bruch wird am Einschuss mit Wildschweiß benetzt und an der rechten Hutseite befestigt.

Auf der Gesellschaftsjagd ist das Überreichen des Erlegerbruches die Aufgabe des Jagdherrn bzw. Jagdleiters, auf der Nachsuche die des Hundeführers und auf der Pirsch die des Pirschführers. Auf der Einzeljagd darf der Erleger sich seinen Erlegerbruch auch selbst brechen.

Der Bruch wird auf Hirschfänger, Weidblatt oder Hut mit der linken

Hand überreicht, damit die rechte Hand für den mit „Weidmannsheil!" verbundenen Händedruck frei bleibt. Der so ausgezeichnete antwortet mit „Weidmannsdank!" und steckt den Bruch an seine rechte Hutseite.

**Erpel** – Männlicher Entenvogel.

**Erstlingsgehörn** – Die 3 bis 6 mm hohen Knöpfchen, die nur die gut entwickelten, starken Bockkitze nach der Entwicklung der Rosenstöcke im Spätsommer und Herbst des ersten Lebensjahres ausbilden.

Sie brechen im Dezember durch die Decke, werden unter Umständen gefegt und leuchten dann weiß. Schon Anfang Februar werden sie wieder abgeworfen. Körperlich schwache Bockkitze besitzen ein solches Erstlingsgehörn nicht.



**Esparsette** – Die Futterpflanze auf ausgesprochen trockenen, flachgründigen und kalkhaltigen Böden in raueren und höheren Lagen. Esparsette kann bis zu zehn Jahren genutzt werden. Die Erträge sind allerdings nicht hoch. In entsprechenden Revieren ist die Esparsette eine vorzügliche Wildäsungspflanze sowohl für den Wildacker als auch für die Wildwiese.

**Extinktion** – Aussterben von Tier- und/ oder Pflanzenarten in einem Lebensraum. (Bayr. Min. f. Ern., Landw. und Forsten)

# F

**Fächer** – Schwanz beim Auerhahn.

**Fadenkreuz** → **Absehen**

**Fähe** – weibliches Haarraubwild.

**Fahne** – Lange Haare an der Rute des Hundes.

**Fähnlein** → **Fahne**

**fahren** – Aus dem Lager flüchten.

**Fährte** – Die fortlaufenden Tritte beim Schalenwild und Auerwild; für die Brackenjäger hinterlassen auch Hase und Fuchs eine Fährte.

**Fährtenbruch** – Der halbarmlange, unbefegte Fährtenbruch weist die vermutete oder durch Eingriffe oder Fährte bestätigte Fluchtrichtung des beschossenen Wildes. Ist das Stück männlich, wird die gebrochene Spitze angespitzt und das angespitzte Ende in Fluchtrichtung gelegt. Bei einem weiblichen Stück zeigt das gewachsene Ende in Fluchtrichtung. Um Verwechslungen auszuschließen, wird der Fährtenbruch geäftert, das heißt ein kleiner Bruch wird hinter den Fährtenbruch gelegt. Ist die Fluchtrichtung unbekannt, wird doppelt geäftert.

**Fährtenkunde** – Die Lehre von den Fährten und Spuren aller Wildarten.

**fährtenlaut** – Der Hund ist fährtenlaut, wenn er beim Verfolgen von Schalenwild auf dessen Fährte (ohne das Wild eräugt zu haben) Laut gibt (bei Brackenjägern gilt der F. auch Hase und Fuchs). Der Fährtenlaut ist eine absolut unverzichtbare Eigenschaft für alle im Wald einzusetzenden Hunde.

**fährtenrein** – Der Hund darf sich nicht von anderen Fährten (Verleitfährten) oder Duftmarken ablenken lassen, er muss auf der Fährte bleiben, auf die er angesetzt wurde. Die Erziehung zur Fährtenreinheit ist die wohl wesentlichste Aufgabe bei der Einarbeitung und Voraussetzung für erfolgreiche Nachsuchen des Gespanns. Hierbei werden zum Beispiel Schleppen mit verschiedenen Wildarten über die Schweißfährte gelegt, von denen sich der Hund nicht verleiten lassen darf.

**Falkenhaube (= Kappe)** – Begriff aus der Falknersprache: Die Falkenhaube oder Kappe soll verhindern, dass der Falke sein Auge auf Ferne einstellt und eine weit entfernte Beute ins Auge fast, sodass er ununterbrochen zum Jagdflug starten will.

**fallen** – Sterben.

**Fallrute** – Trittholz beim Habichtskorb.

**Fallwild** – Wild, das ohne äußere Gewalteinwirkung zu Tode gekommen ist und verendet aufgefunden wird. Hierzu zählen auch jene Stücke, die ohne sichtbare äußere Verletzung beim Verenden angetroffen und durch einen Fangschuss von ihren Leiden erlöst werden. Fallwild ist eindeutig von verunfalltem Wild zu unterscheiden. Zum verunfallten Wild zählen jene Stücke, die aufgrund äußerer Gewalteinwirkung, zum Beispiel durch den Zusammenstoß mit einem Kraftfahrzeug, beim Anrennen gegen einen Zaun oder durch Riss von einem Hund zu Tode gekommen sind.

**Faltgläser** – Kleine Ferngläser, die über meist zwei Scharniere klein zusammengelegt werden können.

**Fang** – 1.) Maul bei Raubwild und Hunden; 2.) Fangen von Tieren mit Hilfe von Netzen oder Fallen; 3.) Töten von Wild mit der blanken Waffe (Messer, Saufeder); 4.) Fuß mit Zehen und Krallen oder Zehen der Greifvögel (Füße bei Habicht und Sperber, Hände bei Falken).

**Fangbunker** – Ein gesicherter Fangplatz für sofort tötende Fallen.

**Fänge** – Eckzähne des Hundes.

**Fangschuss** – Schuss auf angeschossenes oder verletztes Wild. Der Fangschuss darf nur aus einer Büchse oder Kurzwaffe abgefeuert werden (Ausnahme: mit Fangschussgeber aus der Flinte). Der Schrotschuss ist verboten.

Die Mindestenergie muss 200 Joule betragen. Bei einer Nachsuche darf ihn nur der Hundeführer abgeben, da in der Regel dieser die Situation am besten einschätzen kann. Man richtet den Fangschuss meist auf den Träger. Dort wird der Halswirbel getroffen und das Tier verendet schlagartig. Außerdem wird nur wenig Wildbret zerstört.

**Fangschussgeber** – Einsteckpatrone, mit deren Hilfe eine kleinere Patrone zum Zwecke des Fangschusses abgeschossen werden kann. Fangschussgeber sind auf Entfernungen bis etwa 8 m ausreichend präzise.

**Fangzähne** – Eckzähne bei Haarraubwild und Hunden.

**färben** – 1.) blutiger Schnallenausfluss in der Anfangszeit der Läufigkeit bei Hunden; 2.) Haarwechsel beim Schalenwild.

**Faseln** – Der Hund faselt, wenn er eine Fährte verliert und mit hoher Nase planlos umhersucht.

**Faustfeuerwaffe** → **Revolver**

**Federn** – Lange, glatte Haare auf dem Rücken, zum Beispiel bei Schwarzwild. Grundlage für den Saubart.

**Federwild** – Sammelname für die Vogelarten, die zum Wild zählen. Es sind:

- Rebhuhn (*Perdix perdix*),
- Fasan (*Phasianius colchicus*),
- Wachtel (*Coturnix coturnix*),
- Auerwild (*Tetrao urogallus*),
- Birkwild (*Lyrurus tetrix*),
- Rackelwild (*Lyrurus tetrix* x *Tetrao urogallus*),
- Haselwild (*Tetrastes bonasia*),
- Alpenschneehuhn (*Lagopus muta*),

- Wildtruthuhn (*Meleagris gallopavo*),
- Wildtauben (Columbidae),
- Höckerschwan (*Cygnus olor*),
- Wildgänse (Gattungen *Anser* und *Branta*),
- Wildenten (Anatinae),
- Säger (Gattung *Mergus*),
- Waldschnepfe (*Scolopax rusticola*),
- Blässhuhn (*Fulica atra*),
- Möwen (Laridae),
- Haubentaucher (*Podiceps cristatus*),
- Großtrappe (*Otis tarda*),
- Graureiher (*Ardea cinerea*),
- Greife (Accipidridae),
- Falken (Falconidae)
- Kolkrabe (*Corvus corax*).



**Fee** – Weibliches Tier.

**fegen** – Das Schaben und Reiben des neu gebildeten, mit einer behaarten Haut (dem Bast) umgebenen Geweihs oder Gehörns zum Beispiel an Baumstämmen (Fegebäumen). Hierbei werden die Rinde des bearbeiteten Stämmchens und der Bast abgerieben. Solche Stellen bezeichnet der Jäger als Fegestellen. Der Bast wird als Gefege oft aufgeäst. Die Höhe verrät dem Jäger die Stärke des schlagenden Hirsches. Beim Rehbock kann man aus der Stärke der befegten Stämmchen keinen sicheren Schluss auf seine Stärke ziehen.

**Feige(nblatt)** – Äußere weibliche Geschlechtsorgane.

**feinnasig** – Gut riechen können (bei Hunden).

**Feist** – Fett bei Wildtieren.

**Feist ansetzen** – fett werden.

**Feisthirsch** – Hirsch, der vor der Brunft viel Fett angesetzt hat.

**Feld** – Altersbezeichnung bei Vorstehhunden; bezeichnet die Anzahl der jagdlichen Ausbildungsjahre, die im 2. Lebensjahr beginnt (ein 2-jähriger Vorstehhund steht im 1. Feld).

**Feldholzinsel** – Wälder und Büsche in Feldern werden als Feldholzinseln bezeichnet.

**Feldjagd** – Sammelbegriff für die Jagd im Feld.

**Feldtreibjagd** – Treibjagd auf Niederwild, die im Feld durchgeführt wird.

**Felidae** – Familie der Katzen.

**Fell** → **Decke**

**Felsbau** – Ein Fuchs- bzw. Dachsbau in felsigem Gelände; der Einsatz von Bauhunden ist gefährlich wegen der fehlenden Möglichkeit, dem Hund durch Ausgraben helfen zu können.

**Fertigungszeichen** – Patronenpackungen einer Fertigungsserie werden mit einem Fertigungszeichen gekennzeichnet. Das FZ ist ein Code aus Buchstaben und Zahlen und wird auf die Packung aufgedruckt.

**Fett** → **Feist, Inselt**



**Feuchtblatt** – Weibliches Geschlechtsteil bei Schalenwild.

**feuchten** – Harn lassen.

**Feuchtglied** – Penis bei Beutegreifern.

**Feuchtrute** – Das männliche Glied des Hundes.

**fiepen** – Locklaut des Rehwilds.

**Fischhaut** – Die geschnittene (auch eingepresste) Aufrauung am Pistolgriff und Vorderschaft. Sie dient der besseren Handhabung. Es gibt sie als einreihige oder schottische Fischhaut. Wird aus Kostengründen manchmal durch die Punzierung ersetzt.

**Flach-Erl** – Technik zur Herstellung von Messern mit feststehender Klinge. Dabei bestehen Klinge und Erl aus einem Stück; auf den (flacheren) Erl werden die Griffschalen aufgeklebt und/oder genietet.

**Flaumfedern** – Unter den Deckfedern liegende, weiche Daunenfedern (Dunen) der Vögel; bilden bei Jungvögeln das ganze Federkleid.

**Fleischreifung** – Zeit, die das Fleisch nach der Versorgung des erlegten Wilds benötigt, um den bestmöglichen Geschmack zu entwickeln.

Die Zeitspanne, in der die Fleischreifung erfolgt, ist von der Größe des Tieres und dem in seinem Muskel vorhandenen Glykogen abhängig. Bei Hasen und Wildkaninchen ist sie nach 24 bis 36 Stunden, bei Rehwild nach 36 bis 48 Stunden, bei stärkerem Wild nach 48 bis 92 Stunden beendet. Ein darüber hinausgehendes Abhängen fördert nur noch bedingt die Zartheit des Wildbrets, dafür jedoch mehr den sogenannten Haugoût, eine durch Fäulnisbakterien verursachte Geruchs- und Geschmacksveränderung. Oftmals fälschlich als typischer Wildgeschmack bezeichnet. Die Fleischreifung wird von folgenden Faktoren beeinflusst: Stress beim Wildtier führt zum rapiden Abbau der in den Muskeln als Glykogen gespeicherten Energie. Gegeben ist dies bei auf der Treibjagd erlegten Hasen und Wildkaninchen, bei auf der Drückjagd vor Treibern und Hunden panikartig flüchtendem

Schalenwild, bei angeschweißtem und wegflüchtenden Wild, bei auf der Nachsuche zur Strecke gekommenen sowie bei krankem Wild.

**Flinte** – In früherer Zeit benannte das Wort Flinte alle Feuerwaffen, die mit dem Flintstein gezündet wurden. Heute bezeichnet der Begriff ein Gewehr, aus dem Schrotmunition verschossen wird – im Gegensatz zur Büchse, die für Kugelmunition ausgelegt ist. Der Jäger unterscheidet ein- oder mehrläufige Flinten als Kipplaufflinten (Hahnflinten, Selbstspannerflinten, Handspannerflinten) sowie einläufige Flinten als Selbstladeflinten und Pump-Flinten (Vorderschaftrepetierer).



**Flucht des Wildes → abgehen**

**fluchtbar** – Flügge.

**Fluchtdistanz** – Entfernung, bis zu der eine (herannahende) Störung von einem Individuum oder einer Tiergruppe geduldet wird bzw. ab der die Flucht ergriffen wird.

**flüchten → fahren, abgehen**

**Fluchtfährte** – Die Fährte des flüchtenden Schalenwilds ist deutlich erkennbar: Die Tritte der Hinterläufe stehen bei der Flucht immer vor den Tritten der Vorderläufe. Schalenwild macht also bei der Flucht den sogenannten Hasensprung. Hierbei werden die Schalen weit gespreizt und tief in den Boden eingedrückt. Dadurch prägt sich auch das Geäfter (= Afterklauen) deutlich ab, was beim vertraut ziehenden Schalenwild, mit Ausnahme des Schwarzwildes, nicht der Fall ist.

**Flug** – Gesellige Taubengruppe; Vereinigung mehrerer Ketten.

**Flügeldeckfedern** – Obere Federn der Flügel.

**flugfähig → beflogen**

**Flügge → fluchtbar**

**Flugrichtung ändern → abschwenken**

**Formation** – Vegetation(sdecke) gleichartigen physiognomischen Charakters, zum Beispiel Nadelwald, Regenwald, Wiese, Steppe, Savanne, Hochmoor. In einer Formation herrschen bestimmte Lebensformen der Pflanzen vor. (Bayr. Min. f. Ern., Landw. und Forsten)

**Forst** – Ein nach forstwirtschaftlichen Grundsätzen bewirtschafteter und abgegrenzter Wald.

**Forsteinrichtung** – Mittelfristige, in der Regel 10-jährige Planung im

Forstbetrieb. Dazu werden zunächst über eine Inventur im Wald Holzvorrat und Zuwachs nach Beständen und Baumarten ermittelt. Nach diesen Daten werden der Hiebssatz festgelegt und die betrieblichen sowie waldbaulichen Ziele geplant.

**Forstschädlinge** – Pflanzliche und tierische Organismen, die die Waldbäume befallen und schädigen, zum Beispiel Zunderschwamm, Hallimasch, Rüsselkäfer, Borkenkäfer, Schmetterlinge, Blattwespen.

**Forstwirtschaft** – Anbau, wirtschaftliche Nutzung und Pflege des Waldes.



**fortfliegen** → **aufstehen**

**Fortpflanzung** – Erzeugung von Nachkommen.

Ungeschlechtliche (vegetative) Fortpflanzung durch Teilung, Knospung oder Dauerformen, geschlechtliche Fortpflanzung mittels der Geschlechtszellen der elterlichen Lebewesen.

Bei zweigeschlechtlichen Fortpflanzungen vereinigen sich Ei- und Samenzelle (Befruchtung), bei eingeschlechtlichen Fortpflanzungen entsteht das neue Lebewesen aus einer unbefruchteten Eizelle. (Brockhaus)

**Fortpflanzungszeit** → **Blattzeit**

**fortstreichen** – Wegfliegen.

**Fransen** – Lange Haare an den Behängen von Jagdhunden.

**Fraß** – Die tote Nahrung.

**Freischütz** – 1.) Im Volksglauben ein Schütze, der sich mit Hilfe des Teufels Freikugeln verschafft, von denen sechs unfehlbar treffen, doch die siebente lenkt der Teufel; 2.) Oper von C. M. v. Weber (1821).

**Freisuche** – Als Freisuche (freie Suche) wird die Sucharbeit des nicht angeleinten Hundes bezeichnet.

**Fremde Tiere** – Nach § 28 Abs. III BJG sind alle am 1. April 1953 im damaligen Bundesgebiet nicht heimischen Wildarten (hierzu gehören u. a. außereuropäische Hirsche, Polarfüchse, amerikanische Virginia-Wachteln und Marderhunde) dem Begriff „Fremde Tiere“ zuzurechnen.

**fressen** → **kröpfen**

**Frettieren** – Baujagd mit Frettchen an Stelle von Erdhunden (Teckel, Terrier). Es gibt auch sogenannte Kaninchenteckel, die aber bezüglich Statur und Wendigkeit den Frettchen deutlich unterlegen sind.

**frische Fährte** – Jünger als zwei Stunden.

**frische Spur** – Jünger als zwei Stunden.

**frischen** – Gebären beim Schwarzwild.

**Frischling** – Wildschwein-Jungtier im 1. Lebensjahr. Nach Geschlecht: Frischlingskeiler und Frischlingsbache.

**Frischlingsrechen** – Für Frischlinge zugänglicher Bereich einer Schwarzwildfütterung (wo erlaubt).



**Frischzeit** – Zeit der Geburten.

**Frühjahrsdurchfall** – Der Frühjahrsdurchfall tritt häufig bei geschwächtem Rehwild auf, das im Frühjahr bei der Äsungsumstellung von Winter- auf Sommeräsung Durchfall bekommt.

**Fuchsbandwurm** – Der Fuchsbandwurm kann auch für den Menschen gefährlich sein: Waldfrüchte sollten deshalb vor Verzehr gründlich gewaschen werden. Bauhunde sollten nach der Arbeit gewaschen bzw. von im Fell haftenden Schmutzpartikeln gesäubert werden.

**Fuchsjagd** – Reitjagd, bei der heute das Wild durch einen Reiter dargestellt wird, der einen Fuchsschwanz an der Schulter trägt. Die Jagd zu Pferde auf lebendes Wild ist in Deutschland verboten, in anderen Ländern (zum Beispiel Frankreich) jedoch erlaubt.

**führen** – 1.) Junge aufziehen beim Wild; 2.) anleitende Begleitung eines Jägers durch einen jeweils Erfahreneren.

**Futterschleppe** – Begriff aus der Hundeerziehung: Dabei wird zunächst ein Stück Fleisch, eine Lunge oder ähnliches einige Meter über eine gewisse Strecke gezogen, anschließend wird der Hund angesetzt. Der hungrige Welpe verfolgt eine Duftspur (gelegt mit Pansen etc.), die anfänglich nur wenige Meter und mit zunehmender Übung stetig an Stehzeit, Länge und Schwierigkeitsgrad (zum Beispiel Haken) zunimmt. Am Ende der Schleppe wird er mit einem guten Happen belohnt. Diese Übung an der langen Feldleine gearbeitet, gewöhnt den Hund an eine ruhige und konzentrierte Arbeitsweise, fördert den Spurwillen und die Spursicherheit.

# G



**Gabelbock** – Bock, dessen Geweihstangen jeweils zwei Enden besitzen.

**Gamsbart** – Hutschmuck aus den Haaren des Gamsbocks.

Zur Herstellung eines Gamsbarts werden die langen schwarzen Rückenhaare des Gamsbocks gerupft und zu einem Bart gebunden. Besonders wertvoll ist ein Bart, wenn er weiße Spitzen aufweist. Statt dem echten Gamsbart werden echter und künstlich geweißter Saubart (aus den Federn des Keilers), Dachsbart und Hirschbart getragen.

**Gamsblindheit** – Bei der Gamsblindheit entsteht eine Bindehautentzündung mit starkem Tränenfluss, der eine Tränenrinne vom Licht bis zum Geäse verursacht. Später kommt es zur Entzündung und Trübung der Hornhaut mit Abszessbildung und zur Erblindung. Die Ansteckung erfolgt durch gegenseitige Berührung im Rudel oder bei der Brunft sowie durch Fliegen. Die Krankheit erreicht im August und September ihren Höhepunkt. Die erkrankten Stücke bewegen sich unsicher tappend. Es kann zu Selbstheilungen kommen. Gamsblindheit wird durch Überhege begünstigt.

Zur Bekämpfung sind sichtbar kranke Stücke mit dem Fernglas oder Spektiv zu ermitteln und auf der Einzeljagd zu erlegen.

**Gamswild** – Das Gamswild gehört zu den Hornträgern (Bovidae). Mit neun Unterarten oder geographischen Rassen bildet es innerhalb der Boviden eine eigene Unterfamilie. Das Gamswild gehört zu den Wiederkäuern. Der Verdauungsapparat entspricht somit weitgehend dem von Rot- und Rehwild. Im Unterschied zu diesen hat das Gamswild (wie alle Bovidae) allerdings eine an der Leber sitzende Gallenblase. Beide Geschlechter tragen Krucken. Das größte zusammenhängende und auch zahlenmäßig stärkste Vorkommen des Gamswildes ist im europäischen Alpenraum konzentriert (Frankreich, Schweiz, Österreich, Deutschland, Slowenien). Weitere größere Populationen leben in den Pyrenäen, den Gebirgen und Mittelgebirgen des Balkans sowie in den Karpaten. In Deutschland kommt Gamswild außer in den Alpen noch im Schwarzwald, Elbsandsteingebirge und in der Schwäbischen Alb vor. Die drei letztgenannten Vorkommen wurden durch Aussetzen von aus den Alpen stammendem Wild begründet.

Gamswild im ersten Lebensjahr bezeichnet man als Kitze (Bockkitz, Geißkitz). Gämsen beiderlei Geschlechts im zweiten Lebensjahr nennt der Jäger Jährling oder Jahrling bzw. im einzelnen Jährlingsbock oder Jährlingsgeiß. Gamsbock oder Gamsgeiß bezeichnen Stücke ab dem dritten Lebensjahr (kurz: Bock, Geiß). Führende Geißen werden als Kitzgeißen bezeichnet. Nicht mehr aufnehmende alte Geißen werden Geltgeißen genannt. Gämsen halten sich vornehmlich in felsigen, unzugänglichen Gebieten oberhalb der Baumgrenze auf (Gratgams). Nur bei ungünstiger Witterung (Schneefall) ziehen sie in tiefere Regionen. Es gibt jedoch auch sogenannte Waldgams, die die tiefer gelegenen Waldregionen bevorzugen.



**Ganter** – Männliche (Wild-)Gans.

**Geäfter** – Die beiden rückwärtigen Klauen beim Schalenwild.

**Geäse** – Maul der Hirsche, Rehe, Gams.

**Gebiss** – Die Zähne des Hundes.

**Gebrech/Gebräch** – Maul bei Schwarzwild.

**GEE** – Begriff aus der Waffentechnik: Günstigste Einschuss-Entfernung. Bezeichnet den Punkt, an dem die Flugbahn des Geschosses die Visierlinie zum zweiten Mal schneidet.

**Gefege** – Abgelegter Bast von Geweihen.

**Gefieder** → **Alterskleid**

**gefrischt werden** – Geboren werden (Schwarzwild).

**Gegenfährte** – Führt von Feld zu Holz.

**Geheck** – Die (Gesamtheit der) Jungen bei Haarraubwild.

**Gehöre** – Ohren bei Beutegreifern.

**Gehörn** – Im Sprachgebrauch der Jäger hat das Gehörn seinen festen Platz gefunden, obwohl der Rehbock aus zoologischer Sicht ein Geweih trägt, da es jährlich abgeworfen wird und nicht stetig weiter wächst wie der Kopfschmuck der Hornträger. Im Alpenraum wird es gern als „Gewichtl" bezeichnet.

**Gehörnfärbung** – Die Gehörnfärbung entsteht beim Fegen – dem Befreien des Gehörns vom Bast. Vor allem beim Schlagen mit dem fertigen Gehörn in den ersten Tagen nach dem Fegen an Sträuchern und Bäumchen färben die hierbei aufgenommenen Pflanzensäfte die Stangen hellbraun (zum Beispiel bei Buchen) bis dunkelbraun (bei Erlen oder Douglasien). Die Spitzen der Sprossen erhalten ihre helle, fast weiße Färbung durch wiederholtes Schlagen im Verlauf des Sommers, die Stangen werden „poliert".

**Gehörnstufen** – Entwicklungsstufen des Gehörns: Der Jäger kennt Spießer, Gabler, Sechser- und – sehr selten – auch Achtergehörne. Er unterscheidet dabei die Vorder-, Hinter- und Obersprosse, das Stangenende. Sind die Spieße nur kurz, pfriemförmig oder abgerundet, spricht man vom „Knopfbock".

**Geiß** → **Ricke**

**Geißkitz** – Weibliches Reh im 1. Lebensjahr.



**Geläuf** – Trittspur des Federwilds.

**Geläut** – Die laute Jagd von Bracken.

**Gelege** – Eier in einem Nest.

**Geltgeiß** – Nicht (mehr) führendes weibliches Stück Rehwild.

**Gelthenne** – Unfruchtbare Henne.

**Geltreh** → **Geltgeiß**

**Gelttier** – Nicht (mehr) führendes weibliches Rot- oder Damwild.

**Gemischte Strecke** – Bei der gemischten Strecke liegt Wild der hohen Jagd vor Niederwild und Haarwild vor Federwild. Raubwild liegt immer in einer eigenen Reihe.

**Generalisten** – Tier- oder Pflanzenarten, die geringe Ansprüche an Bedingungen ihrer Umwelt stellen und einen breiten Ausschnitt aus dem Ressourcenspektrum (zum Beispiel Nahrung) nutzen. Gegensatz: Spezialisten. (Bayr. Min. f. Ern., Landw. und Forsten)

**Gepanzertes Schwein** – Schwarzwild mit dickem Schild (Schwarte, oft verdickt durch Harz o.ä.) auf den Blättern.

**Geradflügler (= Orthopteroidea)** – Ordnung der Insekten, mit kauenden Mundteilen; zum Beispiel Schaben, Heuschrecken, Ohrwürmer.

**Geräusch** – Herz, Lunge, Luftröhre, Leber, Nieren.

**Gerbstoffe** – Wasserlösliche organische oder synthetische Verbindungen, mit denen tierische Häute in Leder gegerbt werden. Pflanzliche Gerbstoffe sind zum Beispiel Tannin, Sumach, Quebracho; der wichtigste anorganische Gerbstoff ist bas. Chromsulfat. (Brockhaus)

**gerechte Fährte** – Fährte eines einzeln ziehenden Hirsches zur Einarbeitung des Hannoverschen Schweißhundes.

**Gesäuge** – Zitzen bei weiblichem Haarwild und Hunden (auch Spinne bei Hirschartigen).

**Gescheide** – Eingeweide: Das Gescheide (insbesondere der Darm) gibt unter anderem wesentliche Aufschlüsse über den Gesundheitszustand des Wildes. So ist eine Darmentzündung Ursache einer bakteriellen Infektion des Tieres. Erkennbar ist die Darmentzündung am glasigen Aussehen der Darmwände bei zugleich meist dünnflüssigem Darminhalt, insbesondere im Weiddarm. Finden sich darüber hinaus weißlich-gelbe Punkte auf den Darmwänden, sind dies Hinweise auf eine Kokzidiose (Hasen und Wildkaninchen) oder eine Pseudotuberkulose (Schalenwild, Federwild). Wildtiere, bei denen eine Darmentzündung festgestellt wird, sind zur amtlichen Fleischuntersuchung anzumelden. Das Gescheide ist zur Untersuchung mitzuliefern.



**Geschlechtsakt** → **aufsetzen**, **beschlagen**, **bespringen**, **besteigen**

**Geschleif** – In einen Bau führender Gang (Dachs).

**Geschlinge** – Darm.

**geschlossene Fährte** – Wild drückt die Schalen fest zusammen.

**Geschmeiß** – Kot bei Greifvögeln und Reihern.

**Geschoss-Abkürzungen** – Die auf den Geschossen angegebenen Abkürzungen bedeuten:

- HM = H-Mantelgeschoss
- HMoH = HM mit offener Hohlspitze
- HMK = HM mit Kupfer-Hohlspitze
- HoS = Hohlspitzgeschoss (Hollow point)
- KTM = Kupferteilmantelgeschoss
- KTMS = Kupfer-TM-Spitzgeschoss
- KTMR = Kupferteilmantel-Rundkopfgeschoss
- KTMF = Kupfer-TM-Flachkopfgeschoss
- KS = Kegelspitzgeschoss
- TM = Teilmantelgeschoss (soft point)
- TMS = Teilmantel-Spitzgeschoss (Soft point, pointed or spitzer)
- THS = Teilmantel-Halbspitzgeschoss (Soft point, semipointed)
- TMR = Teilmantel-Rundkopfgeschoss (Soft point, semipointed)
- TMF = Teilmantel-Flachkopfgeschoss (Soft point, flat nose)
- THSTo = Teilmantel-Halbspitz-Torpedo-Heck-Geschoss (Soft point, semi pointed, boat tail)
- TIG = Original Brennecke-Torpedo-Ideal-Geschoss
- TUG = Original Brennecke-Torpedo-Universal-Geschoss
- VM = Vollmantelgeschoss (Full jacket)
- VHS = Vollmantel-Halbspitzgeschoss (Full jacket, semipointed)

- VR = Vollmantel-Rundkopfgeschoss (Full jacket, round nose)
- VSTo = Vollmantel-Spitz-Torpedo-Heckgeschoss (Full jacket, pointed boat tail)

**Geschosse** – Geschosse im Sinne des Waffengesetzes sind sowohl feste Körper (Einzelgeschosse wie zum Beispiel Büchsengeschosse und auch eine Anzahl von festen Körpern wie Schrotkugeln) als auch gasförmige, flüssige oder feste Stoffe in zum Verschießen aus Schusswaffen bestimmten und hergerichteten Umhüllungen.

**Geschröte** – Hoden bei Hund und Haarraubwild.



**Gesellschaftsjagd** – Das Treffen von mehreren Jägern (Zahl je nach Bundesland unterschiedlich, meist mehr als drei oder vier), die gemeinsam auf die Jagd gehen. Die Gesellschaftsjagd kann auf Hoch- oder Niederwild durchgeführt werden, als Treib- oder Drückjagd, unter Beteiligung oder Nicht-Beteiligung von Treibern bzw. Hunden.

**Gesichtsfeld** – Das Sehfeld eines optischen Geräts. Es wird in Metern Breite ausgedrückt (Zieloptik auf 100 m; Beobachtungsoptik auf 1000 m).

**Gesperre** – Jungvögel bei Hühnervögeln mit Eltern.

**gespiegelt** – Junge Enten sind „gespiegelt", wenn sie die Querbinden auf den Flügeln tragen.

**Gestüber** – Darmausscheidung von Rebhuhn und Wachtel.

**Gewaff** – Eck-Zähne beim Keiler (Gewehre im Unterkiefer, Haderer im Oberkiefer).

**Gewehr** – Bei der Jagd werden drei Arten von Gewehren benutzt:

- Flinten, also Gewehre mit normalerweise glatten Läufen für den Schrotschuss,
- Büchsen, also Gewehre mit gezogenen Läufen für den Kugelschuss,
- Kombinierte Gewehre mit einem Lauf oder mehreren Läufen für den Schrotschuss und mit einem Lauf oder mehreren Läufen für den Kugelschuss.

Das Gewehr besteht in einfacher Form aus

- dem Lauf (Rohr) mit Patronenlager,
- dem Verschluss mit dem Schloss und Abzugseinrichtung (beides untergebracht im Verschlussgehäuse) sowie aus
- dem Schaft und der Visiereinrichtung.

Der Lauf ermöglicht das Abfeuern des Geschosses und gibt dem durch die Pulvergase vorgetriebenen Geschoss oder der Schrotladung die Flugrichtung.

**Gewehre** – Die unteren Eckzähne des männlichen Schwarzwildes.

**Gewehrkolben** → **Backe**, **Gewehr**

**Geweih** – Ein Paar knochige, in Spitzen auslaufende Auswüchse, die sich bei männlichen Hirschtieren (auch beim weiblichen Rentier) auf bleibenden Fortsätzen des Stirnbeins bilden; beim Rehbock wird dies als Gehörn, bei Elch und Damhirsch als Schaufeln, beim Hirsch als Stangen bezeichnet. Das Geweih wird meist jährlich abgeworfen und in einem Zeitraum von 130 Tagen erneuert („aufgesetzt"). Hierbei ist es zuerst mit einer „Wachstumsschicht", dem Bast umgeben (Bastzeit oder Kolbenzeit). Es wird später gefegt und dadurch blank und braun angefärbt.



Bei Hornträgern (wie Gams-, Muffel- und Steinwild) sind die Kopfwaffen (Hörner, Krucken und Schnecken) Hornschlauchgebilde. Sie sitzen tütenartig über langen Stirnzapfen und wachsen von unten her ständig weiter. Der älteste Teil eines Hornes ist also seine Spitze. Die Hörner werden nicht abgeworfen und von männlichen und weiblichen Tieren getragen. Nur weibliches Muffelwild ist meist hornlos.

**Geweihentwicklung** → **Kolbenzeit**

**Geweihteile** – Das Geweih besteht aus zwei Stangen mit Rosen, die Sprossen oder Enden tragen. An den Stangen finden sich Perlen, Riefen und Leisten. Die Stangen bestehen nur aus Knochen. Zu ihrem Aufbau ist eine beträchtliche Menge von phosphorsaurem sowie von kohlensaurem Kalk und Magnesium notwendig, das mit der Äsung aufgenommen wird.

**Gewölle** – Von Greifvögeln und Eulen ausgespiene Ballen unverdauter Haare, Federn, Knochen.

**Glasflügler** – Tagschmetterlinge mit glashellen Flügeln.

**Glatzflechte** – Die Glatzflechte kommt bei Elch-, Rot- und Rehwild und anderem Haarwild vor. Der Erreger der Glatzflechte (*Trichophyton tonsurans*) lebt im Hornteil der Decke und verursacht kreisrunde, kahle Stellen. Vorsicht ist bei Berührung geboten, da die Glatzflechte für den Menschen infektiös ist. Auch Schimmelpilze können in den Organen zu Pilzbefall führen (Aspergillose).

**Gockel** – (Fasanen-)Hahn.

**gocken** – Locklaut der Henne.

**Gordon Setter** – Aus Schottland kommend, ist er der kompakteste unter den englischen Vorstehhunden – kräftig im Gebäude, viel Adel im Ausdruck, eine Harmonie von Kraft und Eleganz. Charakteristisch sind kastanienroten Abzeichen am Fang, über den Augen, an Brust, Läufen und Weidloch, die sich sehr wirkungsvoll von der lackschwarzen Farbe abheben.

Seine überdurchschnittlich gute Nase in Verbindung mit einer ausgeprägten Anlage zum Vorstehen behindert ihn andererseits keinesfalls bei einer erfolgreichen Nachsuche.



**Grandeln** – Die oberen Eckzähne der Cerviden. Sie sind zu finden bei Rot- und Sikawild, selten bei Rehwild, praktisch nie beim Damwild. Bei weiblichen Stücken spricht man von Haken. Sie werden als Schmuck getragen und gelten als besonders wertvoll, wenn sie eine dunkelbraune Maserung besitzen. Diese ist jedoch sehr lichtempfindlich. Beim Flugwild gibt es Grandelfedern.

**Granen** – Obere Eckzähne des männlichen Hirsches (Grandeln, Granen, Gränen, Kusen).

**Grannen** – Lange, glatte Haare auf dem Rücken.

**Grannenhaar** – Oberhaar.

**greifen** – Lebende Beute packen.

**Greifvögel** – Früher Raubvögel, Ordnung der Vögel mit rund 290 Arten, weltweit verbreitet.

Kennzeichnend für den Greifvogel ist der Hakenschnabel mit deutlich längerem Oberkiefer und kürzerem Unterkiefer.

Die Füße (Fänge) dienen nicht nur der Fortbewegung, sondern auch dazu, die Beute zu greifen. Die Zehen sind mit gekrümmten, spitzen Krallen ausgerüstet. Die Greifvögel ernähren sich von anderen, meistens selbst gefangenen Tieren.

**Griffe** – Füße der kleinen Greifvögel.

**Griffon** – Rauhhaariger Vorstehhund, der ursprünglich in Holland und Belgien gezüchtet wurde. Farbe: braungrauer Braunschimmel, oft mit braunem Bereich über Rücken und Flanken. Langer, „rechteckiger“ Rücken im Gegensatz zu den mehr „quadratisch“ gebauten rauhhaarigen Vorstehhunden. Kennzeichnend sind die starken „Bart-“ und Augenbrauen. Er gilt als guter Jagdgebrauchshund und leistet vor allem bei der Feld- und Wasserarbeit ausgezeichnete

Dienste. Sein Name leitet sich vom Fell ab; er hat „griffiges", etwas wolliges raues Haar mit dichter Unterwolle.

**grobe Bache** – Weibliches Schwarzwild über sechs Jahre alt.

**grobes Schwein** – Schwarzwild über sechs Jahre alt.

**großer Hahn** – Auerhahn.

**großer Stoß** – Die langen Schwanzfedern beim Fasan.

**großes Gescheide** – Magen bei Wiederkäuern.

**Grummet** – Der getrocknete 2. Schnitt bei der Heugewinnung.

**gründeln** – Enten suchen mit dem Kopf im Wasser nach Nahrung.



**Gummischaftkappe** – Begriff aus der Waffenkunde: Eine (ventilierte) Gummischaftkappe mindert den Rückstoß an der Schulter und verhindert das Wegrutschen der abgestellten Waffe. Bei Flinten und bei Büchsen für den Flüchtigschuss soll die Gummikappe mit einem dünnen Leder abgeklebt sein, damit der flüssige Anschlag gewährleistet bleibt.

**Gürtelhülsen** – Begriff aus der Waffenkunde: Hülsen mit Gürtel haben eine Auszieherrille, in die der Auszieher greift. Der Verschlussabstand wird über die Vorderseite des Gürtels gebildet; der Gürtel liegt an der entsprechenden Ausfräsung des Lagers an. Der Gürtel ist keine die Leistung beeinflussende „Verstärkung" der Hülse, sondern dient ausschließlich diesem Zweck.

**gurren** – Ruf der Ringeltaube.

# H

**Haare** → **Borsten**

**Haarwild** – Zum Haarwild zählen (gem. BjagdG):

- Wisent (*Bison bonasus*),
- Elchwild (*Alces alces*),
- Rotwild (*Cervus elaphus*),
- Damwild (*Dama dama*),
- Sikawild (*Cervus nippon*),
- Rehwild (*Capreolus capreolus*),

- Gamswild (*Rupicapra rupicapra*),
- Steinwild(*Capra ibex*),
- Muffelwild (*Ovis orientalis musimon*),
- Schwarzwild (*Sus scrofa*),
- Feldhase (*Lepus europaeus*),
- Schneehase (*Lepus timidus*),
- Wildkaninchen (*Oryctolagus cuniculus*),
- Murmeltier (*Marmota marmota*),
- Wildkatze (*Felis silvestris*),
- Luchs (*Lynx lynx*),
- Fuchs (*Vulpes vulpes*),
- Steinmarder (*Martes foina*),
- Baummarder (*Martes martes*),
- Iltis (*Mustela putorius*),
- Hermelin (*Mustela nivalis*),
- Dachs (*Meles meles*),
- Fischotter (*Lutra lutra*),
- Seehund (*Phoca vitulina*)



**Habicht** – Der Habicht hat als Altvogel ein Gefieder mit graubrauner Oberseite und weißlich grauer Unterseite mit dichter, dunklerer Querbänderung. Der Schwanz hat vier oder fünf dunkle Querbänder. Im ersten Lebensjahr ist das Federkleid auf der Oberseite braun und unterseits rostgelb mit dunkler Längszeichnung. Die Iris der Augen ist gelb bis orangefarben.

**Habitat** – Ort, an dem eine Tierart oder ein bestimmtes Entwicklungsstadium regelmäßig anzutreffen ist, also die engste Umwelt eines Tieres. Die drei begrenzenden Faktoren eines Habitates sind Wasser, Nahrung und Raum (Unterschlupf). Der Begriff Habitat schränkt den Biotopbegriff insoweit ein, als dieser nur den Lebensraum in Bezug auf eine bestimmte lebende Art meint.

**Hackfruchtarten** – Verschiedene Rübenarten, Kartoffeln und auch der Mais.

**Haderer** – Obere Eckzähne beim Keiler.

**Häher** – Gruppe von Rabenvögeln, zum Beispiel Eichelhäher, Tannenhäher.

**Hahnenfedrigkeit** – Durch Hormonstörung (oft Alterserscheinung) auftretende Farbveränderung hin zu männlichen Gefiedermerkmalen, zum Beispiel bei weiblichen Hühnervögeln.

**Hahnentritt** – Weißliche Keimscheibe auf dem Dotter von Vogeleiern.

**Haken** – 1.) die oberen Eckzähne der Bache; 2.) die krumme Schnabelspitze von Greifvögeln.

**Haken schlagen** – Schnelle Richtungsänderung im Lauf.

**Halali** – Jagdruf für gestelltes Wild, Hörnerruf für das Ende der Jagd.

**Halbschaufler** – Hirsch mit beginnender Schaufelbildung.

**Halsfedern** → **Kragen**

**Haltbarkeit** – Man spricht im waffenrechtlichen Sinne von Haltbarkeit, wenn bei der Beschussprüfung unter Verwendung besonderer Beschussmunition es das Ergebnis der hierdurch vorgenommenen Materialprüfung ist, dass die wesentlichen Teile der Handfeuerwaffe der Beanspruchung standhalten, der sie bei der Verwendung der zugelassenen Munition ausgesetzt werden.



**Halt-Dressur** – Begriff aus der Jagdhunderziehung: Haltdressur ist der Befehl zum konsequenten Stoppen des Hundes auf Zuruf, Handzeichen oder Trillerpfiff. Sie ist die Gewähr dafür, den Hund in jeder Situation (sichtiges Wild, Straßenverkehr, etc.) unter Kontrolle zu behalten. Sie ist unabdingbare Voraussetzung bei der weiteren Abrichtung für den Jagdbetrieb.

**Hände** – Füße des Beizfalken.

**Handfeuerwaffen** – Zu den Handfeuerwaffen gehören insbesondere diejenigen Schusswaffen, bei denen zum Geschossantrieb heißes Gas verwendet wird.

**Handhabungssicherheit** – Der Jäger spricht davon, dass Handhabungssicherheit gegeben ist, wenn insbesondere die Patrone leicht in das Patronenlager eingeführt und die abgeschossene Patronenhülse einwandfrei wieder herausgezogen werden kann, wenn die Schlagbolzen oder Schlagstifte sich leicht in ihren Führungen bewegen und die Sicherungen fehlerfrei arbeiten.

**handscheu** – Der Hund ist handscheu, wenn er sich vor der Hand seines Herrn ängstigt.

**Handschwingen** – Äußerer, körperferner Teil des Flügels (am Handknochen).

**Handspannung** – Das Wort Handspannung ist kennzeichnend für Gewehre, die sich beim Abkippen (Öffnen oder Schließen) nicht selbst spannen, sondern mit einer Vorrichtung von Hand gespannt werden. Die Waffen gelten als sehr sicher, vor allem dann, wenn sie mit einer Entspannautomatik ausgestattet sind.

**hängen** – Nach der Paarung mit den Geschlechtsorganen aneinander hängen.

**Hannoverscher Schweißhund** – Das allgemeine Erscheinungsbild des Hannoverschen Schweißhundes ist das eines mittelgroßen, wohlproportionierten, kraftvollen Hundes. Gut gestellte, kräftig bemuskelte Vorder- und Hinterläufe befähigen ihn zu ausdauernder Arbeit. Die breite, tiefe Brust bietet der Lunge viel Raum und ermöglicht lange, anstrengende Hetzen. Die leicht faltige Stirn und das klare, dunkle Auge verleihen dem Hannoverschen Schweißhund den für ihn typischen Gesichtsausdruck. Rassetypisch ist auch die rote Grundfärbung, die vom hellen Rot bis zum dunkel gestromten, beinahe schwarz wirkenden variieren kann. Die Schulterhöhe liegt bei Rüden von 50 bis 55 cm, bei Hündinnen von 48 bis 53 cm.



**Harn lassen** → **feuchten**

**Harro** – Ruf aus der Jägersprache; steht für: „Hase kommt“.

**Haselhuhn** → **Haselwild**

**Haselwild** – Bezeichnend für das Haselwild ist die kleine Kopfhaube oder „Holle“ (Federn aufgerichtet) und der graue Stoß mit auffallend schwarzer Binde. Die untersten Teile der Ständer und die Zehen sind unbefiedert. Der Hahn (der „Schwarzkehlige“) trägt vom Spätherbst bis zum Frühjahr einen tiefschwarzen, weiß eingefassten Fleck an Kinn und Kehle sowie auf der Brust ein hufeisenförmiges Schild mit rotem Rand. Haselwild ist nur reichlich rebhuhngroß und im Süden von rotbrauner, im Norden von mehr grauer Färbung. Es liebt Hasel-, Birken-, Erlen- und Espenbestände (besonders die Buschwaldungen des Hügellandes) und die Beeren von Eberesche, Mehlbeere, Hirschholunder, Mistel und Tollkirsche sowie die Heidel- und Preiselbeere. Das Vorkommen ist in deutschen Mittelgebirgen zurzeit gering, so dass die Art nicht bejagt wird. Haselwild lebt monogam und paart sich schon im Herbst. Die Balzzeit ist von Mitte März bis Ende April. Das feine Balzpfeifen nennt man beim Hahn Spissen und bei der Henne Bisten. Damit locken sich die Vögel. Das männliche Tier steht dabei auf einer Bodenerhebung oder einem Baumstumpf und wippt bei hängenden Flügeln mit dem gefächerten Stoß. Die Henne legt in ein einfaches Bodennest bis zu zehn Eier (Brutzeit 23 bis 25 Tage); die Jungen sind Nestflüchter; der Hahn bleibt beim Gesperre. Haselwild hat in der Bundesrepublik keine Jagdzeiten. Es ist ganzjährig geschont.

**Hasenklein** – Leckerbissen aus der Jägerküche: Aus Hasenteilen zubereitetes Gericht.

**hasenrein** – Der Hund ist hasenrein, wenn er aufstehenden Hasen nicht nachgeht bzw. sich vom Führer durch Befehl oder Trillerpfiff von der Verfolgung abhalten lässt.

**Hasenversorgung** – Nach Beendigung der Jagd muss der Hase möglichst schnell ausgeweidet werden, spätestens nach der Anlieferung in einem nahe gelegenen be- oder verarbeitenden Betrieb (Gaststätte, Restaurant, Wildhandel). Nach dem Aufnehmen des Wildes ist sofort die Blase auszudrücken. Hierzu wird das Wild an den Vorderläufen gefasst und mit dem Rücken an den Oberschenkel angelegt. Mit der freien Hand wird vom Brustkorb in Richtung der Keulen zwei- bis dreimal kräftig gegen den Bauch gestrichen. Dabei entleert sich die Blase.



**hauendes Schwein** – fünf bis sechs Jahre alt.

**Hauer** – Die unteren Eckzähne des Keilers.

**Hauptbock** – Älterer, reifer Bock.

**Hauptbruch** – Der mindestens armlange, am Mitteltrieb befegte Bruch. Er signalisiert „Achtung!" und kann weitere Bruchzeichen ankündigen oder auf etwas Wichtiges aufmerksam machen. Er wird auffällig auf den Boden gelegt, in den Boden gesteckt oder an einen Ast gehängt.

**Haupthirsch** – Starker Hirsch mit mindestens 20 Enden.

**Hauptröhre** – Haupteingang in den Bau.

**Hauptschlag** – Teil des Balzgesanges beim Auerhahn.

**Hauptschwein** – Über sechs Jahre alt.

**Hauptwechsel** – Regelmäßig benutzte Wechsel.

**Haut** → **Decke**

**Hautabziehen** → **aus der Decke schlagen**

**Häutung** – Regelmäßiges Abstoßen und Erneuern der oberen Haut; Tiere mit fester Oberhaut, zum Beispiel Insekten oder Schlangen, streifen ihre zu eng gewordene Haut ganz ab (Natternhemd).

**hecken** – Brüten.

**Heckente** – Noch nicht flugfähiges Tier.

**Heckgans** – Noch nicht flugfähiges Tier.

**Heckzeit** – Tragezeit bei Raubwild, Brutzeit bei Federwild.

**Hege** – Ziel der Hege ist die Erhaltung eines den landschaftlichen und landeskulturellen Verhältnissen angepassten, artenreichen und gesunden Wildbestandes sowie die Pflege und Sicherung seiner Lebensgrundlagen (§ 1 Abs. II S. 1 BJagdG).

**Hegegemeinschaft** – Freiwilliger Zusammenschluss mehrerer zusammenhängender Jagdbezirke auf freiwilliger Basis. Das Bundesjagdgesetz sieht dies als den wünschenswerten Regelfall vor, überlässt es jedoch den Ländern, einen solchen Zusammenschluss bei Erforderlichkeit notfalls auch zwangsweise zu regeln.

**heimlich sein** – Vorsichtig sein.



**heiß** – Weibliches Tier ist paarungsbereit (bei Hundeartigen).

**Heldbock** – Größte heimische Bockkäferart, bis 5 cm lang, an frisch gefällten Eichen.

**Herbstbalz** – Balzübungen des jungen Hahnes im Herbst.

**Hetzen** – Der Hund hetzt, wenn er flüchtiges Wild (meist sichtig) verfolgt. Das bewusste Hetzen von Hunden auf gesundes Wild ist in Deutschland verboten.

**Hexenringe** – Durch anhaltendes, kreisförmiges Treiben der Ricke durch den Bock entstehen im Gras oder Getreide zur Blattzeit „Ringe“, die oft gut zu erkennen sind. Sie werden weidmannssprachlich Hexenringe genannt.

**Hiebwaffen und Stoßwaffen** – Waffen, deren Bestimmung es ist, unmittelbar mittels mechanischer, körperlicher Energie durch Hieb, Stoß oder Stich Verletzungen beizubringen.

**Hifthorn** – Blasinstrument mit kreisförmiger Windung.

**Hilferuf** – Wer Hilfe benötigt, sollte folgendermaßen auf sich aufmerksam machen:

- Durch Abschießen von roten Leuchtpatronen (erhältlich für Kaliber 16 und 20 oder für spezielle Notsignalgeräte). Die Bestätigung des Notsignals wird mit einer grünen Leuchtpatrone gegeben.
- Durch deutliches Strecken beider Arme über den Kopf. Beim Auftauchen eines Luftfahrzeuges wird man sich dazu auf den Rücken legen, um besser gesehen zu werden. Da dieses Signal international bekannt ist und in abgelegenen Gebieten sehr ernst genommen wird, sollte man zum Beispiel bei der Auslandsjagd einem

Luftfahrzeug niemals mit beiden Armen winken, da dies eine (unnötige und kostspielige) Suchaktion auslösen könnte.
- Notschüsse: Einzelschuss – Doppelschuss – Einzelschuss
- Jagdsignal – Hilferuf: „helft, bin in Not"; lang – kurz, kurz – lang betont, auf einer Tonhöhe

**himmeln** – Beschossenes Federwild steigt steil hoch und stürzt verendet zu Boden (Kopf- oder Lungentreffer).

**Himmelszeichen** – Mit dem Geweih verursachte Zeichen beim Ziehen des Rothirsches (Knicken oder Abbrechen von Zweigen bzw. Blättern)

**Hinfährte** – Führt von Holz zu Feld.



**hinlegen** → **einschieben**

**Hinterfährte** – Tritt der Hinterläufe.

**Hirschartige** → **Cerviden**

**Hirschbart** – Hutschmuck aus den Mähnenhaaren des Rothirsches.

**Hirschfänger** – Stichwaffe des Jägers. Lange relativ schmale Klinge, einseitig scharf; wurde früher zum Abfangen des Hirsches benutzt; Gebrauchswert heute umstritten.

**Hirschgerechte Zeichen** – Die wichtigsten Merkmale, nach denen der Jäger Geschlecht und Stärke des Rotwilds an der Fährte erkennt. Ältere Quellen zählen zumeist 72 Zeichen auf. Dazu gehörten allerdings auch nachweislich falsche Zeichen wie der Glaube an „Näpfchen und Zäpfchen" als Unterscheidungsmerkmal der Hirsch- von der Tierlosung. Mittlerweile sind die wichtigsten: Schrittlänge, Schritt, Schrank, Zwang, Stümpfe, Insiegel, Vierballenzeichen, Abtritt.

**Hirschlausfliege** – Die Hirschlausfliege kommt auf Schalenwild oft in großer Zahl vor, ist etwa 7 mm lang, gelb- bis schwarzbraun gefärbt und hat während des Sommers Flügel, um von einem Wirtstier auf das andere gelangen zu können. Bei diesen Flügen verklettet sie sich auch im menschlichen Haar. Nach der Begattung verliert das Weibchen auf ihrem Wirt die Flügel, während das Männchen die Flügel länger behält. Die vom Weibchen lebend geborenen Larven verpuppen sich zwischen den Haaren.

**Hirschlegende** – Eine uralte Wanderlegende, die sich schon in alten indischen und mesopotamischen Überlieferungen findet. Jeweils erscheint ein strahlender Hirsch einem besonderen Frevler und bekehrt ihn. Einen Hirsch mit strahlendem Kreuz im Geweih gesehen zu haben, wird erstmals im zweiten nachchristlichen Jahrhundert dem römischen Feldherr Placidus nachgesagt. Dieser ließ sich daraufhin taufen und nahm den Namen Eustachius an. Wegen seines Glaubens wurde er verfolgt und starb als Märtyrer. In Österreich wird deshalb der heilige Eustachius als Schutzheiliger der Jagd bezeichnet.

In Deutschland wird der heilige Hubertus (655–727) als Schutzpatron der Jagd verehrt. Er war ein besonders wohltätiger Bischof von Tongern-Maastricht. Das St.-Hubertus-Kloster, in dem nach seinem Tod seine Gebeine aufbewahrt wurden, war im Mittelalter bekannt für die Züchtung von Jagdhunden und die Pflege des jagdlichen Brauchtums. So wurde im 14. Jahrhundert die Hirschlegende auf Hubertus übertragen. St.-Hubertus-Tag ist der 3. November. An diesem Tag werden zahlreiche Hubertusmessen, -feiern und/oder -jagden veranstaltet.



**Hirschschlitten** – Besonders leichte Hörnerschlitten, unter die sich in der Regel auch noch eine Achse mit zwei Gummirädern schrauben lässt. Bergauf werden diese Schlitten auch getragen. Zu diesem Zweck sind sie mit einem Tragegurt in der Mitte der „Ladefläche" ausgestattet oder man hängt sie sich rucksackähnlich auf den Rücken.

**Hitze** – Paarungsbereitschaft beim weiblichen Tier (Hundeartige).

**H-Mantel-Geschoss** – Das H-Mantel-Geschoss sieht im Längsschnitt einem H ähnlich, wobei die ringförmige Einschnürung die Sollbruchstelle darstellen soll: Angepasst an den Zielwiderstand aber höchstens bis zur H-Rille soll sich der vordere Geschossteil zerlegen, während der hintere, selbst bei Knochenschüssen, kompakt bleibt und Ausschuss erzielt.

**hochbeschlagen sein** – Fortgeschritten trächtig sein.

**Hochgeweihter** – Hirsch mit starkem Geweih.

**Hochsitz** – Stabile, erhöht gebaute, in der Regel schnell, lautlos und geschützt erreichbare Reviereinrichtungen zur Ausübung der Ansitzjagd. Für den Gebrauch ist wichtig, dass der Hochsitz den Jäger nicht wirklich aus dem Wind hebt. Dazu müsste er deutlich höher sein als der ihn umgebende Baumbestand. Gerade im Bereich von Hochsitzen dreht der Wind oft, weil Hochsitze häufig an Waldrändern stehen. Der Wind überschlägt sich dort. Die Windrichtungen am Boden und die Höhen der Baumkronen können genau konträr zueinander stehen. In kleineren „Löchern" (kleine Hiebflächen, Kulturen, und so weiter) dreht sich der Wind häufig im Kreis. Das Material für Hochsitze ist vorgeschrieben. In § 5 UVV heißt es: „Erhöht gebaute Jagdeinrichtungen, ihre Zugänge sowie Stege müssen aus kräftigem Material hergestellt sein. Holz darf nur verwendet werden, sofern es gesund ist. Aufgenagelte Sprossen sind nur an geneigt stehenden Leitern zulässig; sie sind in Einkerbungen einzulassen. Belaghölzer müssen so verlegt und befestigt sein, dass sie gegen Verschieben, Kippen und Kanten gesichert sind." Nach § 2 (2) UVV muss das Gewehr „beim Besteigen oder Verlassen eines Hochsitzes, beim Überschreiten von Hindernissen, beim Besteigen von Fahrzeugen und bei ähnlichen Gefahrenlagen" entladen sein. Grundsätzlich kann man Leitern von Kanzeln unterscheiden.



**hoch werden** – Aufstehen.

**Hochwild** – Zum Hochwild gehören Schalenwild außer Rehwild, außerdem Auerwild, Steinadler und Seeadler. Alles übrige Wild gehört zum Niederwild. Die Bejagung dieser Wildarten war früher ausschließlich dem Hochadel vorbehalten.

**Hochwildpatrone** – Hochwildpatrone ist ein nicht genau definierter Begriff, weil Hochwild sowohl Gams-, als auch schweres Rotwild oder Elch (theoretisch sogar Auerwild) bedeuten kann. Demgemäß werden an solche Patronen unterschiedliche Anforderungen gestellt. Die kaliberkleinste und geschossleichteste, auf das Hochwild unter dem Schalenwild zugelassene

Laborierung ist die 6,5 x 57 R mit 6,0 g TMS-Geschoss. Sie ist jagdpraktisch aber eher als Rehwild- und Gamspatrone zu bezeichnen. Mittleres Hochwild wird gerne mit populären Patronen wie 7 x 64, 7 x 65 R oder .308 Winchester aber auch 8 x 57 I(R)S mit Geschossen ab etwa 10 g bejagt. Auf starkes Hochwild sollten zur Vermeidung von Nachsuchen und Verlusten nur geschossschwere und energiestarke Patronen mit anpassungsfähigen Geschossen verwendet werden. Untere Grenze sind die starken 30er-, 8 mm – oder .338er-Kaliber wie .30 R Blaser und .300 Winchester Magnum (jeweils Geschosse um zwölf Gramm), 8 x 68 S und .338 Winchester Magnum, sowie 9,3 x 62 und 9,3 x 74 R. Die 9,3 x 64 oder die .375 H & H sind auf starkes Wild vorzuziehen.

**Hochwildstrecke** – Die sogenannte Hochwildstrecke wird nach der Jagd gelegt und dient der Sichtung der erlegten Tiere. In die erste Reihe der Hochwildstrecke gehört das Rotwild. Dann folgen Damwild, Sikawild, Muffelwild, Schwarzwild und Rehwild. In die letzte Reihe werden die sogenannte Kugelfüchse mit nach oben gebogenen

Lunten gelegt. Alles Wild wird auf die rechte Seite gelegt. Jedes Stück erhält einen Inbesitznahmebruch und jedes männliche Stück Schalenwild einen Letzten Bissen. Schweißrote Stellen werden mit Brüchen verdeckt. Eine Strecke sollte nicht tiefer als breit sein. Deshalb können Wildarten, von denen nur wenige Stücke zur Strecke kamen, auch in eine gemeinsame Reihe gelegt werden sowie männliches und weibliches Wild einer Wildart in zwei verschiedene Reihen gelegt werden.

**Hoden** → **Geschröte**

**Hodensack** → **Kurzwildbret**

**Hohe Jagd** – Frühere Bezeichnung für die Jagd auf die edelsten Vertreter des Wildes.



**Holzbock (= Zecke)** – Der gemeine Holzbock ist ein Blutsauger. Das mit einem großen Rückenschild versehene Männchen ist dunkelbraun und nur 1,5 mm lang. Das Weibchen erscheint heller und ist nüchtern etwa 4 mm groß. Voll gesogen erreicht es eine Länge bis 12 mm. Sein ovaler bleigrauer Körper ähnelt dann einem Rizinuskern. Zu ihrer Verbreitung klettern die Holzböcke an Grashalmen, Blättern von Sträuchern und so weiter empor und lassen sich von hier auf die Körperoberfläche vorbeiziehender Wirtstiere fallen. Sie sitzen besonders am Kopf und Hals des Wirtes. Man findet sie bei Elch-, Rot- und Rehwild sowie bei Hasen, Kaninchen, Füchsen, Hunden und allen Warmblütern. Sie benötigen drei Wirtstiere zur Entwicklung von der Larve über Nymphe bis zum Geschlechtstier. Festgesaugte Zecken lassen sich am besten mit speziellen Pinzetten oder Zangen entfernen. Vor allem in Gebieten, in denen verstärkt die Infektionskrankheiten Borelliose und FSME übertragen werden, ist ein sofortiges Entfernen notwendig.

**Holzbohrkäfer** – Dunkle Käfer mit gewölbtem Halsschild. Bohrkäfer und ihre Larven bohren Gänge in abgestorbenem, verbautem oder verarbeitetem Holz. (Brockhaus)

**Holzwespe** – Große, gelbbraun gezeichnete Wespe, die Larven nagen Gänge im Holz; zum Beispiel Riesen- oder Fichten-Hölzer und Kiefern-Hölzer, schädlich.

**Holzwurm** – Viele Arten von Insekten, die, meist als Larven, Gänge in Holz bohren.

**Home Range** – Aktionsraum eines Tieres, in dem es seinen Routine-Aktivitäten nachgeht; umfasst das Gebiet, mit welchem das Tier vertraut ist und welches es freiwillig nicht verlässt. Ein solcher Aktionsraum kann sich aber auch im Zusammenhang mit saisonalen oder jahreszeitlichen Veränderungen verlagern. Home Range darf nicht als Synonym für Territorium verwendet werden. Andere übliche Begriffe: Streifgebiet, Heimatgebiet, Wohnraum, Aufenthaltsgebiet; am besten aber Aktionsraum. (Bayr. Min. f. Ern., Landw. und Forsten)

**Honigtau (= Blatthonig)** – Zuckerig-klebriger Blattüberzug, Ausscheidung von Blattläusen.

**Hörnerschlitten** → **Hirschschlitten**

**Hornträger** → **Boviden**



**Hornung** – Alte Monatsbezeichnung für den Februar; im „Februar" werfen alte Hirsche ihr Geweih ab.

**Horst** – Nest der Greifvögel.

**Horstbaum** – Baum mit Greifvogelnest.

**horsten** – nisten (Greifvögel, Störche, Kraniche, Reiher, Tauben, Raben, Krähen, Eulen).

**Hose** – Gefieder an den Schenkeln von Greifvögeln.

**Hubertustag** – Am 3. November jeden Jahres ist das Fest des Heiligen Hubertus. An diesem Tag werden Gesellschaftsjagden, sogenannte Hubertusjagden, abgehalten oder auch Gottesdienste zu Ehren des Heiligen Hubertus gefeiert.

**hudern** – Federwild, das im Staub/Sand badet.

**Huderpfanne** – Der Staub-Badeplatz eines Hühnervogels.

**Hüftgelenks-Dysplasie (HD)** – Vererbbare Gelenkdeformation, die bis zur Lähmung führen kann. Sie wird auch durch falsche Ernährung und Überbeanspruchung im Jugendalter hervorgerufen.

**Hülsenreißer** – Das Auftreten von Längs- oder Querrissen in der Hülse, meist als Längsriss(e) im Hülsenhals und als Querriss etwa über dem Hülsenboden (Bodenreißer). Als Bodenabreißer wird die vollständige Abtrennung des Bodens vom Rest der Hülse bezeichnet. Ursache für Bodenreißer und Bodenabreißer sind ein zu großer Verschlussabstand (entweder waffenbedingt oder wegen zu großer Maßunterschiede zwischen Patronenlager und Patrone). Ursachen für Hülsenmundrisse sind meist Materialfehler, Materialermüdungen durch wiederholte Kaltverformung (Wiederladen) sowie altersbedingte oder chemisch bedingte Versprödung. Vor allem bei Schrotpatronen kommen auch Hülsenmundabrisse vor. Bei allen Hülsenreißern ist vor dem erneuten Laden auf etwaige Hülsenteile im Lauf zu achten.

**Humus** – Organische Substanz der oberen Bodenschichten.

**Hundealter** – Bei Hunderassen, die keine weiße Farbe am Kopf haben, kann man aus der allmählich zunehmenden Weißfärbung am Kopf (beginnend ab etwa acht bis zehn Jahren) auf ein höheres Alter schließen. Dies ist bei Rassen mit rassetypischer Weißfärbung am Kopf kaum möglich – zum Beispiel Jack-Russel-Terrier oder Foxterrier. Diese „Altersverfärbung" unterliegt von Hund zu Hund jedoch so starken individuellen Schwankungen, dass sie nur einen äußerst ungenauen Rückschluss auf das Alter zulässt. Bei manchen Rassen, so zum Beispiel den Deutschen Bracken, die rassebedingt weiße Zeichnung am Kopf haben, beginnt die Verfärbung in den dunkleren Fellpartien. Wird die Augenlinse schon trübe, dann ist der Hund im Regelfalle schon sehr betagt, also sicher zehn Jahre oder älter.



**Hundebandwurm** – Der häufigste Hundebandwurm ist *Dipylidium caninum*. Die Ansteckung geschieht durch Flöhe oder Haarlinge, in welchen sich nach der Aufnahme der Eier die infektiöse Finne entwickelt. Die klinische Bedeutung ist gering. Oft fällt der Befall lediglich durch weißlich rosa gefärbte Glieder auf, die mit dem Kot ausgeschieden werden oder in der Analgegend des Hundes zu sehen sind. Eingetrocknete Bandwurmglieder sind reiskorngroß und können in großen Mengen auf dem Lager des Hundes gefunden werden.

**Hundebruch** – Der Hundebruch zählt zur Tradition der Brüche: Wenn für das Auffinden eines krank geschossenen Stückes ein Hund nötig war, bricht der Erleger von seinem Schützenbruch ein Stück ab und übergibt es dem Hundeführer mit „Weidmannsdank". Dieser steckt den Hundebruch an die Halsung des Hundes.

**Hundefloh** – Zwischenwirt des kürbiskernförmigen Hundebandwurms. Er ist der häufigste Hundebandwurm.

**Hundelaute** – Das Lautgeben des Hundes dient der Verständigung.

Mit dem Knurren will der Hund seine Vorrangstellung innerhalb des Rudels und gegenüber anderen Artgenossen zeigen. Das Verbellen deutet man als herbeirufen. Ein Hund, der Wild gefunden hat, will seine Meutegenossen verständigen. In der Jagdpraxis ist das der Mensch. Das Geläut der Bracken ist eine Aufforderung zum Folgen. Mit dem Heulen ruft sich die Meute wieder zusammen. Ein Hund heult auch, wenn ihn sein Herr verlässt.

**Hundeohren** → **Behänge**

**Hunde-Parasiten** – Hunde leiden vor allem unter folgenden Parasiten: Flöhe, Läuse, Haarlinge, Zecken und Milben. Es ist unbedingt notwendig, dass man sich als Hundehalter über die Lebensgewohnheiten von Hautparasiten (vor allem Flöhe) informiert. Flöhe halten sich den größten Teil ihres Lebens nicht auf dem Wirt auf. Die tägliche Blutmahlzeit dauert ca. eine Stunde. Ausgewachsene Flöhe überleben ein bis zwei Monate ohne Blutmahlzeit.

**Hunderuf** – Das Signal dafür, dass sich die Hundeführer sammeln sollen.



# I

**Imponiergehabe** – Verhaltensweise vieler Tiere, zur Schau tragen von Farben oder auffälligen Körperformen bei Balz, Paarung oder Kampf, um Überlegenheit zu zeigen. (Brockhaus)

**Inbesitznahmebruch** – Der unterarmlange, unbefegte Inbesitznahmebruch wird auf das linke Blatt des erlegten Wildes gelegt. Beim männlichen Stück liegt der Bruch mit dem gebrochenen Ende, beim weiblichen mit der gewachsenen Spitze zum Haupt.

**Individualdistanz** – Entfernung zwischen einzelnen Mitgliedern einer Tierpopulation. Die Individualdistanz wird bedingt durch das artspezifisch unterschiedliche Distanzverhalten der Individuen und ist eine der Komponenten, die die Populationsdichte bestimmen. Innerhalb der Individualdistanz wird ein Eindringling nicht toleriert. (Bayr. Min. f. Ern., Landw. und Forsten)

**in hohen Fluchten gehen** – Galoppieren.

**inne haben** – Trächtig sein (Hase und Kaninchen).

**Innenballistik** – Die Vorgänge im Lauf bis zum Austritt des Geschosses.

**Insektenfresser** – Ordnung der Säugetiere, zum Beispiel Igel, Maulwurf, Spitzmaus; ernähren sich hauptsächlich von Insekten.

**Inselareale** – Kleine, vom geschlossenen Hauptareal isolierte, zum Beispiel vor der Ausbreitungsfront einer Art liegende oder bei Regression des Areals zurückbleibende Teilareale.

**Inselt (= Inslicht)** – Fett, Talg.

**Integralfertigung** – Hochwertige Bearbeitungstechnik für feststehende Messer: Klinge und Griff werden aus einem Stahlstück herausgearbeitet, dabei werden die Griffschalen in stehendes Material eingepasst.

# J

**Jägerlatein** – Erfundene, manchmal spaßige, auf jeden Fall stark übertriebene Jägergeschichten.

**Jägernotruf** – Der Jägernotruf ist durch vier Schüsse gekennzeichnet: Einem einzelnen Schuss folgt nach etwa drei Sekunden ein Doppelschuss und nach wiederum drei Sekunden der vierte Schuss. Auch für das Jagdhorn gibt es ein entsprechendes Signal.



**Jägernotweg** – Ein Wegerecht, nach dem ein Jagdausübungsberechtigter einen fremden Jagdbezirk auch in Jagdausrüstung betreten darf, wenn der Weg zum eigenen Jagdrevier über öffentliche Wege nicht oder nur über einen unzumutbaren Umweg möglich ist. Der Jägernotweg wird behördlich festgelegt.

**Jägerprüfung** – Wer die Jagd in Deutschland ausüben will, muss nicht nur seine jagdlichen Rechte, sondern vor allem auch seine jagdlichen Pflichten kennen und beachten. Er hat in seinem Tun und Lassen Weidgerechtigkeit, Hege und Naturschutz und die Belange der Land-, Forst- und Fischereiwirtschaft zu wahren. An den jagdlichen Nachwuchs werden deshalb besondere Anforderungen gestellt. Bei der Jägerprüfung, der eine gute Vorbereitung vorausgehen muss, wird ein strenger Maßstab angelegt. Jeder Jungjäger, der vor der Jägerprüfung steht, muss sich mit den jagdrechtlichen Bestimmungen und der Prüfungsordnung des Landes vertraut machen, in dem er die Prüfung ablegen will. Der Prüfling soll ein praktisches Lehrjahr bei einem Lehrherrn (Lehrprinzen) ableisten und regelmäßig an den Übungsschießen der für ihn zuständigen Kreisgruppe der Jäger teilnehmen. Die Prüfung besteht in aller Regel aus drei Teilen: a) dem schriftlichen Teil, b) dem mündlichen und praktischen Teil und c) dem jagdlichen Schießen einschließlich der Handhabung der Jagdwaffen.

Bei der praktischen Prüfung wird dem Jagdscheinanwärter gern folgendes vorgelegt: Läufe von Rot-, Schwarz- und Rehwild, Stopfpräparate vom Marder, Iltis und Wiesel, ein Fuchsbalg (Sommer- oder Winterbalg), der Schädel einer Bache, Geweihe mit dazugehörenden Unterkiefern zur Altersbestimmung. Vom Federwild werden Stopfpräparate vom Habicht (im Jugend- oder Alterskleid), Bussard, Ringfasan, Rebhahn, Stockentenerpel, Schnepfe, Bekassine und Zwergtaucher sowie Federn und Eiern vorgelegt. Weiter sind das Ausdrücken der Hasen und das Ausweiden von Hasen und von Federwild praktisch vorzunehmen. Um den mündlich-praktischen Teil der Jägerprüfung bestehen zu können, muss sich der Jagdscheinanwärter viel mit seinem Lehrherren in dessen Revier aufhalten. Dort hat sich die praktische Ausbildung zu erstrecken auf:

- Begehen eines Lehrpfades; hier lernt der Jungjäger Waldbäume und Sträucher zu benennen;
- das Verhalten mit der Waffe beim Besteigen von Hochsitzen und Kraftwagen, beim Überwinden von Geländehindernissen (Umzäunungen, Gräben und Begehen von Steilhängen) und bei Glatteis und beim Übungsschießen;
- das Schätzen von Entfernungen;
- die Spuren- und Fährtenkunde (Fege- und Plätzstellen, Gebräch, Malbaum, Losung, Gewölle – zur Irreführung manchmal auch ein Pressfutter-Brocken);
- das Verhalten bei Einzel- und Gesellschaftsjagden;
- die Reviereinrichtungen (Hochsitze, Pirschsteige, das Aufstellen von Fallen und Fanggeräten);
- die Bruchzeichen, die Jagdsignale und das Streckenlegen;
- die Schusszeichen (Schnitthaare, Schweiß, Knochensplitter, Eingriffe und Ausrisse – Welcher Schuss lag vor?) und die Folgen daraus für Wild und Jäger;
- das Versorgen und Verwerten des Wildes. Weiter ist das Ausdrücken der Hasen und das Ausweiden von Niederwild sowie das Aufbrechen von Schalenwild praktisch vorzunehmen.

**Jägerrecht** – Das Anrecht des Erlegers auf die Trophäe, das Geräusch oder einen Teil des Wildbrets. Wir unterscheiden das Kleine und das Große Jägerrecht. Das Kleine Jägerrecht besteht aus Geräusch und Pansen und steht dem Erleger zu. Wenn er das Stück nicht selbst aufbricht, steht es dem Aufbrechenden zu. Das Große Jägerrecht war früher im Dienstvertrag des Berufsjägers geregelt und bestand meist aus Haupt mit Lecker (ohne Hauptschmuck), Träger und Vorschlag bis zur dritten Rippe sowie dem Mürbebraten und dem Geräusch. Es war eine Naturalentlohnung.

**Jägersprache** – Dient der genaueren Information unter Jägern. Dabei stärkt sie den Zusammenhalt der Jäger und überwindet soziale Schranken. Die Jägersprache lebt heute in mehr als 3.000 Begriffen. Sie ist bildhaft, lautmalerisch und prägnant, deshalb ist sie von Jungjägern leicht zu erlernen. Im Gespräch mit Nicht-Jägern führt die Verwendung der Jägersprache oft zu Missverständnissen oder gar zu Unverständnis. Die Verwendung der Jägersprache wirkt dann überheblich und ausgrenzend.

**Jährling** – Bezeichnung für das männliche Rehwild im zweiten Lebensjahr.

**Jährlingsgehörn** – Im zweiten Lebensjahr trägt der Jährling sein Jährlingsgehörn, das er meist erst im Mai oder Anfang Juni gefegt hat. Es kann Rosen haben oder auch nicht, gut geperlte Stangen aufweisen oder auch nicht, aus kümmerlichen Spießen bestehen oder gar schon gute Endenbildung aufweisen. Neben individuellen Unterschieden ist für die Ausbildung dieses Kopfschmuckes ausreichende Äsung im ersten Lebensjahr und vermutlich insbesondere auch die soziale Stellung seines Trägers und die seiner Mutter entscheidend.



**Jagd** – Zielgerichtetes Aufsuchen, Nachstellen, weidgerechtes Erlegen, Fangen und Hegen des Wildes. Wird berufsmäßig vom Förster oder Berufsjäger betrieben. Jagdarten: Suche (Federwild unter anderem), Pirschen (Schalenwild), Anstand (Ansitz), Treib-, Hetz-, Fang-Jagd, Graben (Dachs, Fuchs), Frettieren (Kaninchen), Beize (Falken), Hütten-Jagd (Greifvögel). Laut Bundesjagdgesetz dient die Jagd dem Ziel der Hege, also der „Erhaltung eines den landschaftlichen und landeskulturellen Verhältnissen angepassten artenreichen und gesunden Wildbestandes sowie die Pflege und Sicherung seiner Lebensgrundlagen" (§1 (2) BJagdG). Dafür sind Eingriffe in die Wildbestände nötig und sogar gesetzlich gefordert. Jagd geht jedoch über das Töten hinaus: Der Jäger setzt sich tatkräftig für die Erhaltung und Verbesserung unserer Kulturlandschaft ein. Die Jagd ist in Deutschland wie in den meisten Kulturstaaten durch Gesetze geregelt.

**Jagdarten** – Grundsätzlich unterscheiden wir Einzeljagden (zum Beispiel Ansitzjagd, Pirsch, Reizjagd) und Gesellschaftsjagden (zum Beispiel Drück-, Stöberjagd). Bei Gesellschaftsjagden wirken mehrere Jäger (und Treiber) zusammen. Die Einzeljagd wird vom einzelnen Jäger allein oder zusammen mit einem revierkundigen Führer ausgeübt.

Bei den Einzeljagdarten gibt es folgende Unterschiede:

- Der Ansitz: unter Berücksichtigung des Windes bietet er gute Beobachtungsmöglichkeiten. Hierbei werden oft die ersten Erfahrungen gesammelt. Äsungsflächen, Wildäcker und bekannte Wechsel geben gute Gelegenheit, zum Beispiel Rotwild vertraut zu erleben.
- Die Pirsch: nur in ausreichend großen Revieren, bei guter Orts- und Wildkenntnis ist sparsam zu pirschen. Zu leicht ist ein Revier leer gelaufen. Bei den Gesellschaftsjagdarten werden folgende Formen unterschieden:
  - ◊ Die Drückjagden: Sie sind leises Jagen. Die Jägerzahl kann sehr klein sein. Standruhe und ständige Aufmerksamkeit werden verlangt. Das Wild kommt in der Regel langsam gegen den Wind gezogen und erleichtert so Ansprechen und Schussabgabe. Die Kunst dabei ist das Drücken, weniger die Leistung des Jägers.
  - ◊ Die Stöberjagd oder Riegeljagd: Sie verlangen anhaltend und weit stöbernde Hunde, große Waldgebiete, eine größere Jägerzahl und zwei, besser drei Stunden Zeit. So können größere Strecken gemacht werden.
  - ◊ Treibjagd: Sie ist im Gegensatz zur Drückjagd eine laute Jagd, bei der durch den Einsatz von Treibern und teilweise auch Hunden das Wild, vornehmlich Niederwild, den Schützen zugetrieben wird. Treibjagd auf Schalenwild ist in der Regel, mit Ausnahme auf Schwarzwild, gesetzlich verboten. Bei der Auswahl der Stände ist gute Revierkenntnis von Nutzen, bei der auf Ansprecherfahrung und Schießfertigkeit der Jäger zu achten ist.

**Jagdaufseher** – Der durch privatrechtlichen Dienstvertrag angestellte Jagdaufseher mit öffentlich-rechtlicher Bestätigung zum Jagdaufseher durch die hierzu zuständige Jagdbehörde.

**Jagdausübungsberechtigter** – Jagdausübungsberechtigter ist im Falle des Eigenjagdbezirks der Eigentümer, bei einem gemeinschaftlichen Jagdbezirk die Jagdgenossenschaft und beim verpachteten Jagdbezirk der Pächter, da ihm vom Verpächter das Jagdausübungsrecht übertragen wird (abgeleiteter Jagdausübungsberechtigter).

**Jagdausübungsbezirk** – Zum Stichwort Jagdausübungsbezirk wird der Eigenjagdbezirk und der gemeinschaftliche Jagdbezirk unterschieden.

**Jagdausübungsrecht** – Das Ausüben des Jagdrechtes in einem Jagdbezirk mit einer bestimmten Mindestgröße.

**Jagdbehörden** – Man unterscheidet zwischen Unteren Jagdbehörden (nicht in Hamburg und Berlin), Oberen (auch Höheren oder Mittleren) Jagdbehörden (mit Ausnahme der Stadtstaaten sowie Brandenburgs, Mecklenburg-Vorpommerns, des Saarlandes, Sachsens, Thüringens und Schleswig-Holsteins) und Obersten Jagdbehörden. Die Unteren Jagdbehörden stellen Jagdscheine aus, genehmigen Abschusspläne und Jagdpachtverträge, überwachen den Abschuss, nehmen teilweise Jägerprüfungen ab, organisieren Trophäenschauen bzw. Hegeschauen und führen diese durch. Außerdem genehmigen sie das Abrunden von Jagdbezirken, bestätigen Jagdaufseher und führen Statistiken. Die Oberen, Höheren oder Mittleren Jagdbehörden erteilen – als erste Beschwerdeinstanz – Widerspruchsbescheide. In einigen Bundesländern haben sie folgende Möglichkeiten: Sie können Verordnungen betreffend Abschussverbote für bestandsbedrohte Wildarten, Schonzeiten für krankes oder kümmerndes Wild aufheben, ebenso können sie dies aus Gründen der Wildhege oder Landeskultur bei Störungen des biologischen Gleichgewichts oder zur Vermeidung übermäßiger Wildschäden. Sie können Aushorstgenehmigungen für Habichte, die zur Beize verwendet werden sollen, ebenso erteilen wie Genehmigungen für das Erlegen von Wild während der Schonzeit oder aber von Tieren ohne Jagdzeit für wissenschaftliche Zwecke. In Bayern und Hessen vermögen sie Jägerprüfungen abzunehmen. Ferner können sie Aufsichtsbehörde für die Unteren Jagdbehörden sein und Hegegemeinschaften anerkennen. Die Obersten Jagdbehörden sind die zweite Beschwerdeinstanz. Sie erstellen Vorlagen für Antworten auf Petitionen in Jagdangelegenheiten an die Landtage, erarbeiten Gesetzesvorlagen und sind zuständig für Verordnungen, beispielsweise über Schonzeiten, Bestimmung weiterer Tiere, die dem Jagdrecht unterliegen, für Verwaltungsvorschriften. Schließlich sind sie Genehmigungsbehörde für das Aussetzen oder Aussiedeln fremder Tiere in freier Natur (sofern nicht delegiert).

**Jagdbeirat** – Dem Jagdbeirat obliegt die Beratung der Jagdbehörden und die Verwirklichung des Ausgleichs widerstreitender Interessen.

**Jagdberater** – Der nach dem jeweiligen Landesrecht bestellte ehrenamtliche Jagdsachverständige eines Kreises (teilweise – wie etwa in Niedersachsen und Schleswig-Holstein – auch Kreisjägermeister oder – wie in Bremen – Stadtjägermeister genannt) ist der Jagdsachverständige eines Kreises. Er berät die Jagdbehörde.

**Jagdbezirk-Abrundung** – Die sogenannte Abrundung von Jagdbezirken kann durch Abtrennung, Angliederung oder Austausch von Grundflächen nur dann geschehen, wenn die Abrundung aus zwingenden jagdlichen Erfordernissen notwendig ist (es muss jedenfalls zur Verminderung wesentlicher Schwierigkeiten für die Jagdpflege und Jagdausübung geboten sein).

Bei der Abrundung soll die Gesamtgröße möglichst unverändert bleiben.

**Jagdbogen** – Ein Teil eines Jagdbezirkes.

**Jagdbrauchtum** – Als jagdliches Brauchtum bezeichnet man Verhaltensweisen, die der Jäger vor, während und nach der Jagd gegenüber dem Wild, seinen Mitjägern und der Umwelt anwendet und die von der Gemeinschaft der Jäger anerkannt sind. Dabei wird die Pflege des Brauchtums nicht zum leeren Ritual, sondern soll Ausdruck des ehrfürchtigen Umgangs mit dem lebenden und erlegten Wild sein. Im Laufe der Zeit hat sich das Brauchtum immer wieder neueren Entwicklungen und Erkenntnissen angepasst. Zum Brauchtum zählen Jägersprache, Jagdsignale, Jägerlieder, Bruchzeichen, Strecke legen, Schüsseltreiben oder Knödelbogen mit Jagdgericht, Behandlung von Jagdtrophäen, Jagdkleidung und -ausrüstung sowie vor allem Umgangsformen der Jäger untereinander und gegenüber dem Wild. Heute müssen sich jagdliche Bräuche folgenden Ansprüchen unterwerfen: Veränderte Moralvorstellungen der Gemeinschaft der Jäger, Wildbrethygiene, Sicherheitsbestimmungen und jagdgesetzliche Bestimmungen.



**Jagddruck** – Die Intensität der Jagdausübung.

**Jagdeignungsprüfung** – Die Jagdeignungsprüfung wird für Jagdhunde durchgeführt, für die kein Prüfungszeugnis vorliegt, hierzu können auch (noch) Hunde gehören, die ohne Ahnentafel eines Zuchtvereins sind. Die Unteren Jagdbehörden führen die Jagdeignungsprüfung durch. Sie bestellen auch die Richter, die erfahrene Hundeleute, aber nicht ausschließlich Verbandsrichter sein müssen. Es werden nur Gehorsam und genügende Leistungen des Hundes nach dem Schuss verlangt, also Leistungen in der Arbeit auf der Rot- oder künstlichen Schweißfährte von Schalenwild und im Verlorenbringen (Apportieren) sowie in der Wasserarbeit. Für Spezialisten (Erdhunde, Schweißhunde und Saufinder) gelten meist besondere Bestimmungen. Von der Weiterprüfung auszuschließen sind vor allem Hunde, die handscheu oder schussscheu sind, sowie Anschneider und Totengräber.

Die Anforderungen an die jagdliche Brauchbarkeit sind bundesländerweise unterschiedlich geregelt (vgl. die jeweiligen Landesjagdgesetze und entsprechende Verordnungen).

**Jagderlaubnis** – Im Unterschied zum Jagdpächter übt der Inhaber einer Jagderlaubnis kein eigenes Jagdausübungsrecht aus. Die Jagderlaubnis wird vom Jagdpächter erteilt, sie kann als Beteiligung an der Ausübung der Jagd entgeltlich oder unentgeltlich, beschränkt oder umfassend und zeitweise oder ständig sein. Die unentgeltliche Jagerlaubnis beruht auf einem jederzeit widerrufbaren Gefälligkeitsverhältnis, die entgeltliche Jagerlaubnis ist ein pachtähnliches Jagdverhältnis.



**Jagdfieber** – Bezeichnung für eine übergroße Erregung beim Anblick des zu erlegenden Wildes.

**Jagdgebrauchshund** – Ein zur Jagdausübung geeigneter Hund.

**Jagdgebrauchshundeverband** – Dachorganisation aller Jagdhunde-, Prüfungs- und Zuchtvereine.

**Jagdgenossenschaft** – Die Jagdgenossenschaft wird von den Grundeigentümern der zu einem gemeinschaftlichen Jagdbezirk gehörenden Flächen gebildet.

**Jagdgericht** – Das Jagdgericht ahndet nach Art einer Gerichtsverhandlung die Verstöße gegen die jagdlichen Grundregeln oder gegen das Brauchtum.

**Jagdgewehre** – Flinten, worunter der Jäger Gewehre mit normalerweise glatten Läufen für den Schrotschuss versteht.

Des Weiteren zählen Büchsen dazu; also Gewehre mit gezogenen Läufen für den Kugelschuss und kombinierte Gewehre mit einem Lauf oder mehreren Läufen für den Schrotschuss und mit einem Lauf oder mehreren Läufen für den Kugelschuss. Kugel ist die landläufige Bezeichnung für das Einzelgeschoss, das heute als Langgeschoss ausgeführt ist. Man spricht deshalb auch von Büchsengeschossen und Büchsläufen.

**Jagdgötter** – Die antiken Jagdgötter sind der Himmelsjäger Orion, die Jagdgöttin Artemis bzw. Diana und der unfehlbare Schütze Apoll.

Bei den alten Germanen wurde der oberste aller Götter, Wotan bzw. Odin, um Jagderfolg gebeten. Ausgehend von dem in der Renaissance entstandenen Dianen-Kult wird Diana noch heute als Beschützerin der Jagd verehrt.

**Jagdhaftpflicht** – Eine bestehende Jagdhaftpflichtversicherung ist Voraussetzung für das Lösen eines (Jahres-)Jagdscheines. Es werden für Personen- und Sachschäden dabei Mindest-Abschlusssummen gefordert.

**Jagdhorn** – Das gebräuchlichste Jagdhorn ist das Fürst-Pless-Horn in B. Den gleichen Tonumfang wie das Plesshorn haben das Clewingsche Taschenhorn und der Sauerländer Halbmond. Das Parforcehorn kommt in den Tonarten B oder Es sowie als Umschaltvariante für beide Tonarten vor. Meist in D gestimmt sind die französischen Jagdhörner (Trombe de Chasse). Das Jagdhorn besteht aus Mundstück, Stimmzug, Windungen, Schallöffnung, Umwicklung und Hornfessel.



**Jagdhorn blasen** – Das Blasen von Jagdhörnern ist untrennbarer Bestandteil der jagdlichen Kultur. Früher durfte nur der hirschgerechte Jäger die Hornfessel tragen.

Neben der rein praktischen Verwendung des Jagdhorns als Mittel der Verständigung und der sicheren Durchführung der Jagd dient es anlässlich von Bläserwettbewerben oder Hubertusmessen der Vermittlung des jagdlichen Brauchtums in der Öffentlichkeit.

**Jagdhunde** – Die meisten Landesjagdgesetze fordern, dass bei der Such-, Drück-, Riegel- und Treibjagd, bei der Jagd auf Wasserwild und bei jeder Nachsuche brauchbare Jagdhunde einzusetzen sind. In den meisten Bundesländern muss der Jagdausübungsberechtigte zwar nicht unbedingt einen eigenen, jagdlich brauchbaren Hund nachweisen, es muss ihm allerdings ein solcher zur Verfügung stehen.

Die Jagdhundrassen werden in folgende Gruppen eingeteilt:

- Bracken,
- Schweißhunde,
- Stöberhunde,
- Erdhunde,
- Vorstehhunde,
- Apportierhunde,
- nordische Hunde (Elchhunde).

Der Jagdhund soll intelligent, anhänglich, ausdauernd, hart und furchtlos sowie vollkommen wesensfest sein. Sein Beutetrieb soll ausgeprägt sein, er soll seine Nase einzusetzen verstehen und seinem Rassestandard möglichst vollkommen entsprechen.

Es ist zu unterscheiden zwischen Typfehlern, die die Leistungsfähigkeit nicht beeinträchtigen (zum Beispiel geringelte Rute, gedrehte Behänge, Farbfehler) und die jagdliche Einsatzfähigkeit beeinträchtigende Formfehler (wie Fassbeinigkeit und Kuhhessigkeit – also O- und X-Beine – offene Pfoten, Gebissfehler unter anderem).

**Jagdjahr** – Das Jagdjahr beginnt am 1. April und endet am 31. März des folgenden Kalenderjahres. Beginn und Ende der Pachtzeit sollen mit dem Jagdjahr zusammenfallen.

**Jagdkataster** – Mitglieder- und Grundflächenverzeichnis einer Jagdgenossenschaft.

**Jagdknynologie** – Lehre vom Jagdhundewesen.



**Jagdkritik** – Die Jagd gerät zunehmend in die Kritik. Dabei kommen die Kritiker aus unterschiedlichen Richtungen: Jagdtourismus, übertriebene Waffenliebhaberei, Jagd aus rein gesellschaftlichen Gründen, Jagd in Naturschutzgebieten, Jagd auf künstlich aufgezogene Tiere, Jagdschutz bei wildernden Hunden und Katzen und der Trophäenkult sind sensible Themen, die von denen aufgegriffen werden, die die gesamte Jagd in Frage stellen wollen.

Die Abschusserfüllung in Waldrevieren ist ein ständiges Streitthema zwischen überwiegend forstlich und den mehr jagdlich orientierten Jägern.

**Jagdleiter** – Der Jagdleiter ist für die Organisation und den reibungslosen Ablauf einer Gesellschaftsjagd verantwortlich. Der Revierinhaber oder sein Beauftragter muss bekannt geben, wer die Jagdleitung innehat. Dies kann der Revierinhaber selbst oder ein von ihm beauftragter erfahrener Jäger sein.

Der Jagdleiter hat folgende Aufgaben:

- Er muss darauf achten, dass alle Sicherheitsbestimmungen eingehalten werden.
- Er muss alle Schützen ausschließen, die keinen gültigen Jagdschein mitführen.
- Er gibt den geplanten Ablauf der Jagd bekannt und verweist auf etwaige Besonderheiten.
- Er weist auf die wichtigsten Bestimmungen der Unfallverhütungsvorschriften hin.

Die Teilnehmer der Gesellschaftsjagd müssen seine Anweisungen befolgen.

Vor Beginn einer Gesellschaftsjagd muss die Logistik für eine einwandfreie Versorgung, Beschau und Verwertung des erlegten Wildes sichergestellt sein. Auch Jagdgenossenschaften, die eine Regiejagd durchführen wollen, müssen einen verantwortlichen Jagdleiter oder Revierleiter bestimmen.

**Jagdsignale** – Tonfolgen aus meist fünf Natur-Tönen.

Zu den Jagdsignalen gehören die Allgemeinen Signale, die Jagdleitsignale und die Wild- oder Totsignale.

Allgemeine Signale sind Gruppensignale. Sie werden in Anwesenheit einer Jagdgesellschaft geblasen.



Die Jagdleitsignale regeln den Ablauf einer Jagd, sie haben verbindlichen Charakter. Sie werden einstimmig und solistisch geblasen.

Wild- oder Totsignale sind Signale, die jeweils einer Wildart zugeordnet sind und nach einer Gesellschaftsjagd beim Strecke legen geblasen werden, wenn die jeweilige Wildart erlegt wurde.

**Jagdpacht** – Gegenstand der Jagdpacht ist nicht etwa das vom Pächter zu bejagende Grundstück als Pachtobjekt, sondern ein Recht, nämlich das Jagdausübungsrecht.

**Jagdpachtfähigkeit** – Jagdpachtfähig ist derjenige, der zur Zeit der Pachtung einen Jahresjagdschein besitzt und einen solchen schon vorher in Deutschland mindestens drei Jahre besessen hat, was nicht in drei aufeinander folgenden Jahren oder in den letzten Jahren vor der Pachtung gewesen sein muss (§ 11 Abs. V BJagdG). Bis zum vierten Jahresjagdschein ist man Jungjäger (unabhängig vom tatsächlichen Alter) und nicht jagdpachtfähig.

**Jagdrecht** – Die ausschließliche Berechtigung, auf einem bestimmten Gebiet wildlebende Tiere, die dem Jagdrecht unterliegen (Wild), zu hegen, auf sie die Jagd auszuüben und sie sich anzueignen. Die sich auf die Jagd beziehenden Rechtsvorschriften sind geregelt im Bundesjagdgesetz in der jeweils gültigen Fassung. Jagdfrevel, Wilderei, die Verletzung fremden Jagdrechts, können mit Freiheitsstrafe bestraft werden.

**Jagdschaden** – Durch unsachgemäße jagdliche Maßnahmen verursachter Schaden.

**Jagdschein** – Die Jagd darf nur derjenige ausüben, der einen auf seinen Namen lautenden, gültigen Jagdschein besitzt und mit sich führt.

Der Inhaber eines Jagdscheines darf allerdings nicht überall jagen. Der Jagdschein berechtigt den Inhaber nur zur Jagdausübung. Wer einen Jagdschein besitzt, darf noch nicht in einem bestimmten Jagdbezirk jagen. Das darf nur der, dem außerdem das Jagdausübungsrecht in einem bestimmten Jagdbezirk zusteht (§ 3 Abs. III BJagdG).

Vor der Ausstellung des Jagdscheins muss der Anwärter nachweisen, dass er eine Jägerprüfung erfolgreich abgelegt hat. Es gibt folgende Jagdscheine:

- Jahresjagdschein (Gültigkeit für höchstens drei Jagdjahre)
- Jugendjagdschein
- Tagesjagdschein (gültig für 14 aufeinander folgende Tage)
- Ausländerjagdscheine (Jahres- und Tagesjagdschein)
- Falkner-Jahresjagdschein



**Jagdschutz** – Unter Jagdschutz versteht der Gesetzgeber den Schutz des Wildes vor Wilderern, Futternot, Wildseuchen und vor wildernden Hunden oder Katzen sowie die Sorge für die Erhaltung der zum Schutz der Jagd und des Wildes erlassenen Vorschriften. Die nähere Bestimmung des Jagdschutzes sowie die zu dessen Durchführung notwendigen Maßnahmen sind Ländersache.

**Jagdtagebuch (= Schussbuch)** – Persönliche Aufzeichnungen des Jägers über seine Erlebnisse und Erfahrungen bei der Jagd.

**Jagdtourismus** – Jagdreisen ins Ausland werden mit dem Sammelbegriff Jagdtourismus umschrieben. Dieser Wirtschaftszweig ist im Aufwärtstrend, da die Zahl der Jäger zunimmt und die Jagdmöglichkeiten in Deutschland der Nachfrage nicht gerecht werden. Hauptgebiete des Jagdtourismus sind Osteuropa, Nordskandinavien und Schottland, Nordafrika, Kanada, Alaska und afrikanische Länder. Auch Australien und die Mongolei gewinnen an Beliebtheit.

**Jagdtrieb** – Angeborener Trieb der Beutegreifer zum Beute schlagen.

**Jagd vorbei** – Das Jagdsignal zählt zu der Gruppe der Leitsignale und zeigt das Ende der Jagd an.

**Jagdvorsteher** – Vorsitzender der Jagdgenossenschaft.

**Jagdwilderei** – Nach § 292 StGB begeht derjenige Jagdwilderei, der unter Verletzung fremden Jagdrechts dem Wild nachstellt, es fängt, erlegt oder sich zueignet oder wer eine dem Jagdrecht unterliegende Sache (Eier jagdbaren Federwilds, Fallwild) sich zueignet, beschädigt oder zerstört.

**Jagdwissenschaft** – Bezeichnung für alle Wissenszweige, die das Jagdwesen und das Wild sowie seinen Lebensraum umfassen.

**Jagdzauber** – Bei Jägerkulturen kann es Brauch sein, durch Tanz und Rituale vor der Jagd einen Erfolg zu beschwören.

**Jagdzeitenverordnung** – Die Bundesverordnung über die Jagdzeiten legt Jagd- und Schonzeiten für das Wild fest, das bejagt werden darf.

**Jagdzoologie** – Disziplin der Zoologie, in deren Mittelpunkt das jagdbare Tier steht. Heute gebräuchlicher Begriff: Wildbiologie.

**Jugendjagdschein** – Der Jugendjagdschein darf nur an Personen, die das 16. Lebensjahr vollendet haben, aber noch nicht 18 Jahre alt sind, ausgegeben werden (§ 16 Abs. I BJagdG). Er berechtigt zur Ausübung der Jagd nur in Begleitung einer volljährigen sowie jagdlich erfahrenen Aufsichtsperson (Erziehungsberechtigter oder eine von diesem schriftlich beauftragte Person).



Der Inhaber eines Jugendjagdscheins darf nicht an Gesellschaftsjagden teilnehmen, da das Risiko der Teilnahme von Jugendlichen an Gesellschaftsjagden vermieden werden soll (§ 16 II BJagdG). Die Definition für Gesellschaftsjagden ist in den Bundesländern uneinheitlich geregelt.

**Jugendkleid** – Federkleid aller Jungvögel.

**Junghund** – Der Hund vom Welpenalter bis zum Erreichen des zweiten Lebensjahres.

**Justierung** – Präzise Feinabstimmung zwischen Mechanik und Optik zum Beispiel an einer Waffe.

# K

**Kahlhirsch** – Hirsch ohne Geweih.

**Kahlwild** – Weibliches Rotwild und Kälber beiderlei Geschlechts zählen zum Kahlwild.

**Kaliber** – Der Innendurchmesser des Laufes einer Kugelwaffe.

**kalte Fährte** – Mindestens zwei Stunden alt.

**kalte Spur** – Mindestens zwei Stunden alt.

**Kammer** – 1.) Kammer ist die Bezeichnung für die Brusthöhle des Wildes. In der Kammer liegen die Lungen und das Herz mit seinen großen Blutgefäßen. Das Herz liegt in der unteren Hälfte, die großen Blutgefäßstämme (wie Aorta und Hohlvenen) und die Lunge liegen in der oberen Hälfte der Brusthöhle. Herz und Lunge werden durch das Zwerchfell völlig von der Bauchhöhle getrennt. Die Lunge ist die Atemeinrichtung des Körpers. Sie wird durch das Mittelfell in eine rechte und eine linke Lungenhälfte geschieden. Sie liegen in völlig voneinander getrennten Kammern. Die gesamte Brusthöhle ist von Brustfell inklusive Mittelfell ausgekleidet. In der Brusthöhle herrschen Unterdruckverhältnisse. Dadurch können zwischen den einzelnen Organen, auch bei der Ein- und Ausatmung keine Hohlräume entstehen, so dass beim Kammerschuss kaum ein sog. Hohlschuss möglich ist; 2.) Verschluss bei einläufigen Waffen mit fest stehendem Lauf (Repetier-Gewehre).



**Kampfruf** – Wütender Laut des Brunfthirsches.

**Kanzel** – Relativ geräumige, sich selbst tragende Hochsitze für zwei oder mehr Personen, die über eine angelehnte Leiter bestiegen werden. Offene Kanzeln sind (wenn überhaupt) nur bis zur Schießauflage verkleidet. Sie haben kein oder nur ein einfaches Dach. Geschlossene Kanzeln sind praktisch kleine Ansitzhütten auf Trägern, die mit Tür und Fensterluken versehen sind.

Ihr Nachteil: Man hört und sieht weniger und hat kaum das Gefühl, in freier Natur zu sein.

Ihr Vorteil: Die eigenen Geräusche werden mehr gedämpft, man kann auch bei schlechtem Wetter ansitzen, insbesondere in kalten Winternächten auf Schwarzwild und Fuchs. Der oft zitierte Vorteil der größeren Windunabhängigkeit wird meist sehr überschätzt, denn auch durch die offenen Fenster werden noch genügend Duftstoffe nach draußen abgegeben, durch die das Wild gewarnt werden kann.

**kapitaler Hirsch** – Älterer, stärkerer Hirsch.

**Kavalkade** – Gruppe von Hasen beim Durchbrechen der Schützenlinie.

**kegeln** – Sich aufrichten (zum Beispiel Hase).

**Keiler** – Männliches erwachsenes Stück Schwarzwild.

**Keimruhe** – Die befruchtete Eizelle durchläuft in einem frühen Stadium eine Pause in seiner Entwicklung, erst nach einiger Zeit nistet sich der Keim in der Gebärmutter ein und schreitet in seiner Entwicklung fort. Dieses fälschlicherweise oft auch als Eiruhe bezeichnete Phänomen ist bekannt beim Rehwild, Marderartigen aber auch Bären und Robben.

**Kern** – Körper des Haarraubwildes ohne Balg.

**Kessel** – 1.) Schlafstelle von Schwarzwild; 2.) Schlafraum von Höhlenbewohnern (Fuchs, Dachs, Kaninchen).

**Kesseltreiben** – Beim Kesseltreiben bilden Schützen und Treiber einen Kreis, indem sie von einem zentralen Punkt nach zwei Seiten auslaufen.

Ist der Kreis geschlossen, wird angeblasen. Erst jetzt darf geladen und geschossen werden. Anfangs sind die Abstände zwischen Schützen und Treibern noch relativ groß. Alle Treiber und Schützen bewegen sich dann auf den Mittelpunkt des Treibens zu (der sichtbar markiert sein sollte), dabei werden die Abstände immer kleiner. Zunächst darf dabei nach vorne und hinten geschossen werden. Ist der Kessel auf etwa 300 Meter Durchmesser geschrumpft, ertönt zunächst das Signal „Treiber in den Kessel". Die Treiber lösen sich jetzt aus dem Schützenkreis und gehen weiter zum Mittelpunkt vor. Die Schützen bleiben stehen und dürfen nur noch nach außen schießen. Sobald die Treiber sich in der Mitte getroffen haben, wird abgeblasen. Das Kesseltreiben ist primär auf den Feldhasen ausgerichtet.



**Kette** – Eltern mit Jungen (Rebhuhn).

**Keule** – Schenkel des Hinterlaufes.

**Kippfalle** – Falle, die dazu dient, Wiesel lebend zu fangen.

**Kipplaufverschluss** – Verschlussart für Gewehre, deren Läufe gegenüber dem Schaft zum Laden/Entladen abgekippt/geknickt werden können. In der traditionellen Bauweise von Jagdwaffenverschlüssen waren Laufhakenverschlüsse (einfach oder doppelt) meist in Kombination mit einfachem Greenerverschluss (dann als sog. Scottverschluss bezeichnet) oder in Kombination mit Kersten- oder Doppelgreenerverschluss ausgeführt. Die moderne Bauweise von Jagdwaffen mit Kipplaufverschluss ist häufig die eines einfachen Keilverschlusses, der in der Regel aber eine größere Keilfläche verriegelt und somit mindestens dieselbe Leistung vollbringt wie traditionell aufwendige Verschlüsse. (Definition: Krieghoff-Waffen)

**Kirrbrocken** – Köder zur Anlockung von Raubwild.

**Kirrung** – Mit der Kirrung werden bestimmte Wildarten mit geringen Futtergaben angelockt, um es genau beobachten und selektiv bejagen zu können. Dies trifft insbesondere auf Schwarzwild zu, manchmal auch auf Fuchs oder auch auf Rehwild. Die Kirrung kann zur Verminderung von Wildschäden durch Regulierung überhöhter Wildbestände beitragen. Sie darf sich nicht in Richtung auf eine stetige Fütterung hin entwickeln. In verschiedenen Bundesländern gibt es Regelungen zur erlaubten Zahl, Kirrmaterial und Kirrmenge pro Revier.

**Kitz** – Rehwild im ersten Lebensjahr.

**Kitzbock** – Männliches Rehwild im 1. Lebensjahr.

**Kitzgeiß** – Weibliches Reh im 1. Lebensjahr.

**klagen** – Schmerzen äußern.

**klappen** – Balzlaut.

**Klapper** – Hölzernes, bei Treibjagden verwendetes Gerät, dessen Lärm Wild aufscheuchen soll.

**Klauen** – Zehennägel.

**kleiner Hahn** – Birkhahn.

**kleiner Stoß** – Die unteren Schwanzfedern.

**kleines Gescheide** – Dick- und Dünndarm des Schalenwildes.

**Klick-Verstellung** – Moderne Zielfernrohre renommierter Hersteller haben eine genormte, rückkehrgenaue, vertikale und horizontale Rastverstellung des Absehens.

Ein (hör- und sichtbarer) „Klick" des Stellrades versetzt das Absehen (je nach Zielfernrohrmodell) immer um einen fest definierten Wert; sodass sich die Treffpunklage auf 100 m ebenfalls immer um einen fest definierten Wert ändert (traditionelle Zielfernrohre europäischer Fertigung: um 10 mm, amerikanische Zielfernrohre: um ca. 7 mm). Diese Möglichkeit erleichtert den Umgang mit dem Zielfernrohr und das Einschießen einer Waffe.

**Kloake** – Der gemeinsame Endkanal des Darm-, Harn- und Geschlechtsweges bei Vögeln.

**klopfen** – Bei Gefahr schnell mit den Vorderläufen schlagen (Kaninchen).

**Klopfkäfer** – Ein im Holz lebender Bohrkäfer.

**knappen** – Mit dem Schnabel klappern, auch als Balzlaut (Auerhahn).

**Knieper** – Zweijähriger Damhirsch.

**Knödelbogen (= Schüsseltreiben)** – Gesellige Runde, die eine Treibjagd beendet.

**Knopf** – Nur wenige Zentimeter hohe Geweihbildung.

**Kochwildbret** – Ursprünglich zählte zum Kochwildbret das Haupt, der Träger und die Rippenbögen mit Bauchlappen. Heute werden der Träger und die Rippen mit Bauchlappen auch zu Rollbraten und Ragout und damit zu Bratfleisch verarbeitet.

**Köder** – Nahrung, die zum Anlocken von Tieren dient, wird als Köder bezeichnet. Köder werden bei der Fangjagd, aber auch am Luderplatz oder bei der Kirrung eingesetzt.

**Kolbenhals** – Vorderer Teil des Hinterschaftes einer Waffe, der mit der Hand umfasst wird.

**Kolbenhirsch** – Ein Hirsch mit Bastgeweih, also in den Monaten April bis Juli.



**Kolbenzeit** – Zeit der Geweihentwicklung bis zu dessen Verfegen.

**Kombinationswaffen** – Gewehre mit mindestens je einem Büchs- und Flintenlauf. Wir unterscheiden:

- Büchsflinte (Büchs- und Flintenlauf nebeneinander; Büchslauf meist rechts),
- Bockbüchsflinte (Büchslauf meist unten, Flintenlauf oben – führige Kombination),
- Drilling (zwei Flintenläufe oben, ein Büchslauf unten – universelle Kombination),
- Doppelbüchsdrilling (zwei Büchsläufe oben, ein Flintenlauf unten; praktisch eine Doppelbüchse mit zusätzlichem Schrotlauf),
- Büchsflintendrilling (ein Büchs- und ein Flintenlauf oben, zweiter Büchslauf unten; praktisch eine Büchsflinte mit zusätzlichem Büchslauf),
- Bockdrilling (praktisch Bockbüchsflinte mit zusätzlichem, meist seitlichem kleinen, verstellbaren Kugellauf, im Alpenraum auch „Triumphbock“ genannt),
- Bockflintendrilling (praktisch Bockflinte mit seitlichem kleinen Kugellauf – selten),
- Waldläufer (praktisch Doppelflinte mit in die Schiene eingebautem KK-Lauf – selten),
- Vierling (eigentlich Drilling mit zwei Flintenläufen und einem Büchslauf plus einem entweder in der verstärkten Laufschiene

oder im Zentrum des Laufbündels untergebrachten kleinen Büchslauf; drei oder vier Schlosse, aber auch Kombination aus Doppelflinte und Bockbüchse oder Doppelbüchse und Bockflinte; dann mit zwei Schlossen).

**Kontrollarbeit** – Nachsuche mit dem Jagdhund, um festzustellen, ob ein geschossenes Stück Wild krank ist oder gefehlt wurde.

**Kontroll-/Probeschüsse** → **Anschießen**

**Kopfhirsch** – Der Hirsch, der dem Rudel voran zieht.

**Kopfwaffe** – Das Geweih oder die Schaufel oder aber auch die „Schläuche" der Hornträger. Beim Rehbock spricht man auch von Gehörn, Krone oder Gewicht.

Bei Geweihträgern ist die Kopfwaffe ein Knochengebilde, das auf Stirnbeinfortsätzen, den Rosenstöcken, aufsitzt. Das Geweih besteht aus zwei Stangen mit Rosen, die Sprossen oder Enden tragen. An den Stangen finden sich Perlen, Riefen und Leisten. Die Stangen bestehen nur aus Knochen. Zu ihrem Aufbau ist eine beträchtliche Menge von phosphorsaurem sowie von kohlensaurem Kalk und Magnesium notwendig, das mit der Äsung aufgenommen wird. Die Färbung rührt von der Knochenqualität der Stangen und der Art der Hölzer und deren Gerbstoffgehalt, an denen der Kopfschmuck beim Fegen und Schlagen gerieben wurde. Auch der Blutfarbstoff spielt eine Rolle. Kalkarme Stangen sind stumpfschwärzlich, kalkreiche Stangen glänzen und haben eine tiefbraune Tönung. Der Saft von Birken, Buchen und Weiden verursacht beim Fegen eine helle, der von Eichen und Erlen eine dunkle Farbtönung. Die Stangen der Feldböcke sind hell (strohfarbig).

Die Kopfwaffe wird in der Regel nur von männlichen Tieren getragen (beim Ren oder Rentier der nordischen Länder tragen beide Geschlechter ein Geweih), zur Brunftzeit als Waffe gebraucht, alljährlich abgeworfen und jedes Jahr in einem Zeitraum von 130 Tagen wieder neu gebildet. Hierbei ist sie zuerst mit Bast umgeben (Bast- oder Kolbenzeit). Sie wird später gefegt und dadurch blank und braun angefärbt. Unter Fegen versteht man das Schaben und Reiben des neu gebildeten, mit einer behaarten Haut (dem Bast) umgebenen Geweihs oder Gehörns zum Beispiel an Baumstämmen (Fegebäumen). Hierbei werden die Rinde des bearbeiteten Stämmchens und der Bast abgerieben. Solche Stellen bezeichnet der Jäger als Fegestellen. Der Bast wird als Gefege oft aufgeäst. Die Höhe verrät dem Jäger die Stärke des schlagenden Hirsches. Beim Rehbock kann man aus der Stärke der befegten Stämmchen keinen sicheren Schluss auf seine Stärke ziehen. In kälteren Gegenden sind diese Gewichte erfahrungsgemäß größer.

Bei Hornträgern (wie Gams-, Muffel- und Steinwild) sind die Kopfwaffen (Hörner, Krucken und Schnecken) Hornschlauchgebilde. Sie sitzen tütenartig über langen Stirnzapfen und wachsen von unten her ständig weiter. Der älteste Teil eines Hornes ist also seine Spitze. Die Hörner werden nicht abgeworfen und von männlichen und weiblichen Tieren getragen. Nur weibliches Muffelwild ist oft hornlos.

**Korkenziehergehörn** – Ein Korkenziehergehörn entsteht, wenn sich die Einlagerungen von Kalk und Magnesium unregelmäßig und vor allem unzureichend bilden. So entstehen abnorme Gehörnformen. Störungen im Hormonhaushalt – vermutlich auch unter dem Einfluss extremer Winterwitterung oder Parasitenbefall – gelten als Ursache. Weitere abnorme Gehörnformen sind folgende:



- Ein **Einstangengehörn** kann seine Ursache im Bruch der Stange oder – sehr viel seltener – im fehlenden Rosenstock haben.
- **Mehrstangengehörne** entstehen bei Verletzung oder Bruch des Rosenstockes oder des Keimsaumes während des Schiebens.
- Beim **Pendelgehörn** hängt eine Stange – ganz selten zwei Stangen – infolge eines Rosenstockbruches herab.
- Ein **Ledergehörn** ist nicht gefegt und der Bast ist lederartig angetrocknet. Dies ist häufig nur an den Gehörnspitzen zu finden.

**körnen** – Das Anlocken von Federwild oder Schwarzwild durch Körnerfutter.

**Körung** – Zulassung von Jagdhunden zur Zucht nach vorgegebenen Bestimmungen. Dazu gehören in der Regel eine Überprüfung der äußerlichen Formwerte (Zuchtschau/Formbewertung) sowie eine Überprüfung der (jagdlichen) Leistungsfähigkeit bzw. der jagdlichen Anlage.

**Kot** → **Geschmeiß**

**Kraftfutter** – Nährstoffreiches Wildfutter: Eicheln, Kastanien, Mais, Hafer, Melasse, aber auch industriell hergestellte Nahrung.

**Kragen** – 1.) Halsfedern bei bestimmten Vögeln; 2.) Brunftmähne beim Hirsch

**Krähenfüße** – Sicht- und Schussschneisen im Bestand an Schützenständen.

**Kralle** – Dolchförmig gebogener Zehennagel bei vierfüßigen Wirbeltieren und Vögeln.

**krank/mager sein** → **abgekommen sein**

**Krankfährte** – Schweißfährte oder Wundfährte; Fährte eines kranken Stück Wildes.

**Krankwitterung** – Der Geruch verletzten Wildes.

**Krebsschere** – Eine schwach entwickelte Gabel am Geweih.

**Krellschuss** – Ein Streifschuss am Kopf oder am Rückgrat. Hierbei und beim Krellschuss durch die Federn (Dornfortsätze) tritt eine vorübergehende Lähmung des Rückenmarks ein. Die derart getroffenen Stücke stürzen zu Boden, schlegeln heftig mit den Läufen, kommen bald wieder auf die Läufe, werden zusehends gesünder und kommen bei der Nachsuche mit dem Hunde selten zur Strecke. Solchen Stücken ist deshalb möglichst sofort eine zweite Kugel anzutragen. Stürzt zum Beispiel ein Hirsch im Feuer und versucht er, wieder hoch zu werden, wird nachgeschossen, solange noch Leben in ihm ist.



**Kreuzbock** – Ein Rehbock, der ein Sechsergehörn trägt, an dessen Stangen die Vorder- und Hintersprossen in gleicher Höhe abzweigen und dadurch zusammen mit dem Hauptspross ein Kreuz bilden.

**Kreuzlähme** – Eine durch Rundwürmer (Nematoden – Verwandte der Lungenwürmer) verursachte Erkrankung des Zentralen Nervensystems bei Rotwild; verläuft chronisch und beginnt mit Schwanken in der Nachhand (Sägebockstellung), dann folgen Nachhandlähmungen.

Zu ihrer Bekämpfung sind alle erkrankten Stücke möglichst frühzeitig zu schießen. Die Wildbretteile des Rückens und der Keulen, die Schwund und Wässrigkeit zeigen, sind genussuntauglich, die übrigen als noch genussfähig anzusehen.

**Kreuzwechsel** – Zwei einander schneidende Wechsel.

**Krone** – Oberster, mindestens drei Enden aufweisender Teil der Stange des Rothirschgeweihs.

**kröpfen** – Fressen bei Greifvögeln.

**Krucken** – Gehörn (Kopfschmuck) beim Gamswild.

**Kruppe** – Die Erhöhung des Rückens über dem Becken des Hundes.

**Kugelschlag** – Dumpfer Ton oder klatschender Schlag, der durch Einschlagen des Geschosses in den Wildkörper verursacht wird und den man bei hinreichender Aufmerksamkeit unmittelbar nach dem Büchsenknall vernehmen kann. Bei schnell fliegenden Geschossen ist nur auf weite Entfernung der Kugelschlag zu hören, weil bei nahen Entfernungen Kugelschlag und Büchsenknall zusammenfallen.

**Kuhhessigkeit** – Fehlerhafte Stellung der Hinterbeine; Sprunggelenke stehen enger als die Zehen.

**Kulturzaun** – Kulturgatter dienen dazu, das Wild auszusperren, damit die jungen Forstpflanzen unverbissen heranwachsen können. Das verwendete Material kann aus Draht oder auch aus Holz („Hordengatter") bestehen. Das Drahtgeflecht von Kulturgattern darf nicht starr gespannt sein, sondern muss federn. Tore und Öffnungen sind immer in den Zaunecken anzubringen, nur so lässt sich eingedrungenes Schalenwild wieder austreiben.

**Kümmerer** – Schwaches Stück Wild.



**kümmern** – Dahinsiechen.

**Kunden** – Bei den Cerviden dunkel gefärbte Furchen auf den Molaren.

**künstliche Verjüngung** – Begründung eines jungen Waldes durch Pflanzung oder Saat.

**Kunststoffschaft** – Kunststoffschäfte sind standfest, pflegeleicht (und zudem preisgünstiger und von geringerem Gewicht als Vollholz), weswegen Präzisions-Sportschützen fast ausschließlich Waffen mit Kunststoffschäften verwenden.

**kupieren** – Kürzen der Rute in den ersten Lebenstagen der Welpen. Es ist gemäß Tierschutzgesetz grundsätzlich zunächst untersagt, jedoch für jagdlich geführte Vertreter bestimmter Rassen erlaubt.

**Kurz-Erl** – Technik zur Herstellung von feststehenden Messern: Der Erl sieht aus wie eine Stange, die am Griffende verschraubt oder verkröpft wird. Der Griff wird beim Kurz-Erl aber nur aufgesteckt und nicht verschraubt.

**Kurzwildbret** – Hodensack.

**Kynologie** – Die Lehre vom Hund.

# L

**Laborierung** – Eine genau nach einem Element oder mehreren Komponenten (Zündhütchen, Treibladungsmittel und Geschoss) definierte Patrone. Man spricht zum Beispiel von der „Laborierung 7 x 64 Brenneke TIG 10,5 g“. Laborierung kann aber auch als Sammeldefinition gebraucht werden, wenn man zum Beispiel „alle KS-Laborierungen von 5,6 bis 10,3 mm“ meint.

**Lager** – Schlafstelle (Schalenwild).

**Lagerschnepfen** – Gelegentlich bei uns überwinternde Waldschnepfen.

**lahnen** – Bettelruf von Jungvögeln.

**lancieren** – Das Drücken eines einzelnen Hirsches oder Keilers in eine bestimmte Richtung mit Hilfe eines (Schweiß-)Hundes.

**Landschaftsschutzgebiete** – Gebiete, in denen ein besonderer Schutz von Natur und Landschaft

- zur Erhaltung oder Wiederherstellung der Leistungsfähigkeit des Naturhaushalts oder der Nutzungsfähigkeiten der Naturgüter,
- wegen der Vielfalt, Eigenart oder Schönheit des Landschaftsbildes oder
- wegen ihrer Bedeutung für die Erholung erforderlich ist (§ 15 BNatSchG).

**Langwaffen** – Im Gegensatz zu den Kurzwaffen sind Langwaffen alle Handfeuerwaffen mit einer Länge von mehr als 60 cm.

Nach dem Ladevorgang unterscheiden sich die Langwaffen in Einzellader, Repetierwaffen und Selbstladewaffen. Eine weitere Unterscheidungsmöglichkeit besteht in der zu verschießenden Munition (Schrot oder Kugel) oder der Laufanordnung/-kombination.

**Lappjagd** – Treib- oder Drückjagden, bei denen versucht wird, das Wild durch aufgehängte Lappen in eine bestimmte Richtung zu lenken oder vom Ausbrechen auf einer bestimmten Seite abzuhalten.

**Latschen** – 1.) Füße (Gans und Ente); 2.) Kiefernart.

**Laubheu** – Das Heu aus dem Laub wild wachsender Bäume und Sträucher. Es wird den Sommer über luftig aufbewahrt und im Winter an Schalenwild verfüttert.

**Lauf** – 1.) Das Führungsrohr für das Geschoss bei Schusswaffen. Der Lauf ist zusammen mit dem Verschluss der wesentlichste Teil der Waffe. Seine Beschaffenheit ist maßgebend für die Schusspräzision und Sicherheit des Jägers; 2.) Bein beim Haarwild und Hund.

**Laufhaken** – Verschlusselemente bei Kipplaufwaffen.

**Lauscher** – Die Ohren bei allem Schalenwild mit Ausnahme des Schwarzwilds. Dort heißen sie Teller, Schüsseln oder Gehöre.

**Laut geben** – Der Hund gibt Laut, wenn er bellt. Es gibt verschiedene erwünschte oder unerwünschte Lautformen, die genetisch fixiert sind oder erlernt werden können.

- erwünscht: Fährten- und Spurlaut, Hetzlaut, Standlaut, Totverbeller (auch erlernbar)
- unerwünscht: Weidlaut, Baulaut – Viele Jäger können am Spur-/Fährten- oder Hetzlaut ihres Hundes erkennen, welches Wild dieser gerade jagt.

**Laut treiben** – Jagdleitsignal bei der Treibjagd.



**Lebensraum** → **Biotop**

**Lecker** – Die Zunge des Haarwildes.

**Lefzen** – Die Lippen des Hundes.

**leinenführig sein** – An der Leine gehen (Hund).

**Leise treiben** – Jagdsignal, das zum leisen Treiben auffordert.

**Leistungszeichen** – Die auf Prüfungen oder in der Jagdpraxis (dann im Regelfall im Beisein von Leistungsrichtern) erworbenen Leistungszeichen werden dem Namen des Hundes vorangestellt oder angefügt. Sie sind Bestandteil des Namens wie ein akademischer Titel. Leider hat nahezu jeder Zuchtverein eigene Leistungszeichen, die auch für den Insider kaum noch zu durchschauen sind. So bedeutet ein Sinnbild für zwei Schweißtropfen beim Schweißhund eine bestandene Hauptprüfung und beim Wachtel nachgewiesene Leistungen auf der natürlichen Wundfährte. Bei einigen anderen Rassen wird die Leistung auf natürlicher Wundfährte durch ein SwN („Schweißhund-Natur") dargestellt.

**Leitbruch** – Der unterarmlange, am Mitteltrieb befegte Leitbruch bedeutet „Folge mir!". Er kann zu einem Anschuss oder zu einem gestreckten Stück führen. In Deutschland folgt man in Richtung der gewachsenen Spitze. In den Alpenländern ist es häufig genau anders herum.

**Leittier** – Das Rudel anführende Stück bei Rudeltieren (Rot, Dam-, Muffelwild etc.), meist weiblich, beim Schwarzwild Leitbache (dort immer weiblich).

**Leptospirose (= Stuttgarter Hundeseuche, Weil'sche Krankheit)** – Diese Erkrankung wird durch bestimmte Bakterien hervorgerufen. Infizierte Hunde können den Erreger über lange Zeit mit dem Urin ausscheiden. Daneben sind Ratten und Mäuse eine wichtige Infektionsquelle.

**letzter Bruch** – Als letzte Ehre dem verstorbenen Weidkameraden gegenüber wird ein Bruch in das Grab geworfen, auf das Grab oder den Sarg gelegt.

Der Mitjäger, der diesen letzten Akt übernimmt, sollte im Namen der Jägerschaft ein paar passende Worte finden, die das treue Verhältnis des Verstorbenen zur Jagd und die fest verbundene Gemeinschaft der Jäger ausdrücken.

**Lichter** – Augen.

**Liebesspiel** → **Balz**

L

**Linsenluxation** – Augenerkrankung, die vor allem beim Deutschen Jagdterrier zur Erblindung führt.

**Lippen** → **Lefzen**

**Lizenzsystem** – Man spricht von einem Lizenzsystem, wenn die Jagdausübung aufgrund allgemeiner Erlaubnis nicht an einen Ort gebunden ist (wie dies bei dem Reviersystem der Fall ist).

In Deutschland findet das Lizenzsystem grundsätzlich keine Anwendung, jedoch besteht hiervon eine Ausnahme für den Fall, dass die Länder am Meeresstrand, im Wattenmeer und in den Küstengewässern eine gewisse Lizenzjagd zulassen.

**lockerer Hals** – Der Hund hat einen lockeren Hals, wenn er gern und viel Laut gibt.

**Lockinstrument** → **Entenlocker**

**Lockjagd** – Die Lockjagd kann auf fast alle Wildarten ausgeübt werden. Hierzu zählen alle Jagdarten, die auf Gehör, Auge und Nase des Wildes wirken. Beispiele: Lockjagd mit dem Hirschruf, Blattjagd auf den Bock, Fuchsjagd mit Hasenquäke und Mauspfeifchen, Fallenjagd mit Köder.

**Löffel** – Ohren bei Hase und Kaninchen.

**Löffler** – 1.) Hirsch mit beginnender Schaufelbildung; 2.) weißer großer Schreitvogel mit verbreitertem flachem Schnabel, der zu den Ibissen gehört.

**Lohden** – Verschulte Laubholzpflanzen mittlerer Größe.

**Löns** – Hermann Löns, dt. Schriftsteller, *1866, ⚔1914, schrieb volksliedartige Gedichte, Natur- und Tierschilderungen.

**Losung** – Die festen Ausscheidungen des Wildes. Aus Größe, Form und Geruch der Losung ist ein Ansprechen nach der Wildart bei viel Übung in fast allen Fällen möglich, ein Ansprechen innerhalb der Wildart (zum Beispiel nach männlich/weiblich) jedoch grundsätzlich nicht.

**Luder** – Tierleiche, die in Verwesung übergeht und als Köder zum Anlocken von zum Beispiel Fuchs dient.

**Luderhütte** – Luderhütten waren früher an Stelle geschlossener Kanzeln üblich. Sie wurden teilweise in den Boden (Hang) eingegraben. Auf den Hüttenboden wurde als Schutz gegen die Kälte eine dicke Schicht Häcksel geworfen. Praktisch sind leichte, transportable Luderhütten, die man auch anderweitig jagdlich einsetzen kann.



Bei der Wahl des Luderplatzes sollte folgendes beachtet werden: Der Jäger muss ihn auch bei tieferen Schneelagen erreichen, ohne in Schweiß gebadet zu sein. Der Platz darf (im Unterschied zur Hütte oder Kanzel) nicht im Schatten liegen. Die Ausrichtung soll in schneearmen Gegenden Süd oder Südwest sein, in schneereichen Lagen eher Ost bis Nordost. Ohne Schnee gilt es, die auf dem Südhang höchste Leuchtkraft des Mondes auszunutzen. In schneereichen (hellen) Gegenden kommt es darauf an, die immer wieder schnell ausapernden Südhänge zu meiden.

Helle Mondnächte bedingen in der Regel auch sonnenwarme Tage, an denen der Schnee schmilzt.

**Luderjagd** – Etwa ab September beschickt der Jäger verschiedene Plätze regelmäßig mit kleinen Mengen an Aufbruch, Fallwild, Zerwirkabfällen und so weiter. Sobald der Balg verwertbar ist (Ende November, Anfang Dezember), setzt er sich bei Mond am Luderplatz an, um den Fuchs zu erlegen.

Das Tierkörperbeseitigungsgesetz verbietet, Schlachtabfälle, Totgeburten von Haustieren oder Teile von Haustieren anders als in Tierkörperbeseitigungsanlagen zu verwerten. Wer derartiges auf den Luderplatz bringt, macht sich strafbar. Nicht erfasst werden Tiere und deren Teile, die dem Jagdrecht unterliegen. Zu beachten ist auch das Wasserschutzgesetz, ferner können Spaziergänger an Aufbrüchen Anstoß nehmen und Anzeige erstatten.

**Luderplatz** – Platz, an dem durch Ausbringen von Luder Raubwild (Fuchs) angelockt werden kann.

**Luderschacht** – Eine heute veraltete Einrichtung. Früher war es üblich, ein stärkeres Rohr senkrecht einzugraben und in dieses die Luderabfälle zu werfen. Das Ganze stank bestialisch, was beabsichtigt war. Dabei glaubte man, je stärker der Geruch sei, desto sicherer ließe sich der Fuchs anlocken. Heute wird nur noch sehr diskret geludert. Entscheidend ist nämlich nicht der Gestank, sondern das regelmäßige Beschicken.

**Luftröhre** → **Drossel**

**Lunte** – Schwanz beim Fuchs.

**Luser** – Ohren (Gamswild).

# M



**Magazinsicherung** – Die Magazinsicherung verhindert das Abschießen einer evtl. im Lauf befindlichen Patrone, wenn das Magazin (auch teilweise) aus dem Pistolengriff herausgezogen ist. Der praktische Wert der Magazinsicherung ist allerdings umstritten.

**Malbäume** – Raurindige Bäume, an denen sich Schwarzwild, selten Rotwild, nach dem Suhlen scheuert. Als Kennzeichen oder Mal ist die abgeriebene Rinde des Malbaumes anzusehen, die Reibestellen sind durch Beschläge (Schlammkrusten) schmutzig. An Tritten, Borsten und Haaren kann man feststellen, welches Wild Suhle oder Malbaum angenommen hat.

**mannscharf** – Der Hund ist mannscharf, wenn er seinen Herrn auch gegen Menschen verteidigt oder auf Befehl Menschen angreift.

**Mantel** – Rückengefieder.

**Marderburg** – Wird vom Jäger angelegt, indem er entlang der bekannten Marderpässe Holzpaletten auslegt. Diese werden oberseitig dicht gemacht und ordentlich mit Reisig, Astwerk oder Stroh überdeckt. Unter die Palette kommt etwas Stroh und hin und wieder eine Hand voll Getreide für die Mäuse. Der Steinmarder benutzt solche Burgen gerne als Tagesunterschlupf und kann mit dem Hund leicht gesprengt werden.

**Marderschlagbaum** – Totschlagfalle für den Marder.

**Markieren** – Der Hund markiert, wenn er durch sein Verhalten Wild anzeigt oder aber durch das Absetzen von Harn sein Revier absteckt.

**Mast** – 1.) energiereiches Futter; 2.) Samenertrag verschiedener Laubbäume (Eichen, Buchen).

**Maul** → **Äser, Geäse, Gebrech, Gebräch**

**Mauser** – Der Wechsel des Federkleides und die Entwicklung neuer Federn bei allen Vögeln. Unterschieden wird zwischen Frühjahrs- und Herbstmauser.

**Mauspfeiferl** – Instrument zur Nachahmung des Mausegezirps. Es dient zur Anlockung von Raubwild.

**Mindestpachtdauer** – Die Mindestpachtdauer für Jagden beträgt grundsätzlich neun Jahre (§ 11 Abs. IV S. 2 BJagdG), jedoch haben die Länder teilweise von der Möglichkeit Gebrauch gemacht, die Mindestpachtdauer für Hochwildjagden auf zwölf Jahre zu erhöhen.



**Mischwald** – Wald, der aus Nadel- und Laubhölzern besteht.

**Mittelwald** – Eine Zwischenform von Niederwald und Hochwald. Im Mittelwald kommt sowohl eine Unterschicht aus Stockausschlägen als auch eine (lockere) Oberschicht aus durchgewachsenen Stockausschlägen oder aus Samen erwachsenen Bäumen vor. Der Stockausschlag wurde vornehmlich zur Brennholzgewinnung, die Kernwüchse als Bauholz genutzt.

**Molaren** – Hintere Backenzähne im Gebiss der Säugetiere. Die Molaren fehlen im Milchgebiss.

**Mönch** – Hirsch, der kein Geweih schiebt oder nur kleine Stümpfe trägt.

**Monokular** – Ein zum einäugigen Sehen konstruiertes optisches Gerät.

**Muffel** – Das nackte schwarze Nasenfeld beim wiederkäuenden Schalenwild – aber auch Kurzform für Muffelwild.

**Muffelfleck** – Der weiße Fleck oberhalb des Rehwindfanges, der früher als Kennzeichen eines 2- bis 3-jährigen Bockes galt, aber bei Böcken aller Altersklassen zu beobachten ist.

**muffeln** – Die Bewegung der Kiefer und Lippen beim wiederkäuenden Schalenwild, bei der ein Laut hörbar ist.

**Mümmelmann** – Von Hermann Löns geprägte, scherzhafte Bezeichnung für den Feldhasen.

**Munitionsarten** – Bei Munitionsarten wird unterschieden zwischen

- Patronenmunition (diese besteht aus der das Geschoss enthaltenden Hülse und der sich aus dem Zünd- und Treibsatz zusammensetzenden Ladung),
- Kartuschenmunition (die Kartusche = Hülse enthält kein Geschoss, sondern nur die Ladung für den möglichen Antrieb) und
- Pyrotechnischer Munition (Patronenmunition, deren Geschoss einen explosionsgefährlichen Stoff enthält, der Licht-, Schall-, Rauch- oder ähnlichen Effekt zum Entstehen bringen soll).

**Münsterländer Vorstehhunde** – Langhaarige deutsche Vorstehhunde, die als vielseitige Jagdgebrauchshunde gelten.

Der Große Münsterländer ist immer schwarzweiß und wurde vom Deutsch-Langhaar (bei dem die schwarze Farbe nie vorkommt) als eigene Rasse weiter gezüchtet. In letzter Zeit wird der Deutsch-Langhaar erneut eingekreuzt.

Der Kleine Münsterländer ist der kleinste deutsche Vorstehhund. Er steht den Stöberhunden nahe, zeigt meist Braunschimmel oder Braunscheck. Die Rute ist lang behaart und nicht kupiert.



**Myxomatose** – Wildkaninchen und Hauskaninchen erkranken an der extrem ansteckenden Myxomatose. Hasen werden nur ausnahmsweise von der Myxomatose (von myxa = Schleim) befallen. Zuerst tritt eine sulzige Schwellung an den Augenlidern auf, verbunden mit einer Augenentzündung und einem Augenausfluss. Dann kommt es zu einer sulzigen Schwellung am Grund der Löffel, die unter Bildung derber Knoten den ganzen Löffel ergreift. Schließlich schwillt der ganze Kopf unförmig an (Löwenkopf) und es treten Schwellungen auch in der Umgebung des Weidlochs und der Geschlechtsteile auf. Die Kaninchen können bereits etwa vier bis sieben Tage nach Auftreten der ersten Krankheitserscheinungen verenden.

# N

**Nachbrenner** – Begriff aus der Waffenkunde: Wenn der Schuss nicht unmittelbar nach dem Abschlagen des Schlosses bricht, sondern erst mit einiger Verzögerung kommt, wird er als Nachbrenner bezeichnet.

Aus Sicherheitsgründen ist die Waffe daher in einem solchen Fall noch einige Sekunden auf das Ziel gerichtet zu halten. Ursachen können sein zu schwache Schlagfedern, abgebrochene Schlagbolzen, Sicherungsmängel oder Verharzung von Schlossteilen durch die Verwendung zu vieler oder ungeeigneter Pflegemittel. Sehr selten kommen Nachbrenner auch wegen ungenügender Abstimmung von Zünd- und Treibladungsmitteln vor (Billigmunition).

**Nachbrunft** – Die unzeitige Brunft.

**nachdrücken** – Wiederkäuen.

**Nachfährte** – Tritt der Hinterläufe.



**Nachhaltigkeit** – Hauptprinzip der Forstwirtschaft. In der Vergangenheit wurde die Nachhaltigkeit hauptsächlich in Bezug auf die regelmäßige Holzproduktion definiert. Mittlerweile werden auch die landeskulturellen Leistungen wie Schutz- und Erholungsfunktion nachhaltig bereitgestellt und der Wald wird entsprechend bewirtschaftet.

**Nachjagd** – Die Jagd nach der Hauptjagd im selben Revierteil. Sie dient dem Zweck, angeschossenes oder verendetes Wild zu suchen.

**nachprellen** – Der Hund prellt nach, wenn er aufstehendem Wild nach dem Vorstehen nachsetzt.

**Nachsuche** – Liegt ein Stück Wild nach einem Schuss nicht am Platz oder verendet zumindest nicht im Sichtbereich des Schützen, so ist eine Nachsuche erforderlich.

Mit der Nachsuche sollte bei kleinem Niederwild sofort begonnen werden, bei Schalenwild, je nach dem Zeichnen, nach frühestens zwei bis vier Stunden, bei Weidwundschuss nach vier bis sechs Stunden, bei Dämmerung immer erst am nächsten Morgen. Nach einer gewissen Fluchtstrecke wird das Wild ins Wundbett gehen, wo man es grundsätzlich erst krank werden lässt, damit sich das angesammelte Adrenalin im Wildkörper abbaut. Der Wundschock setzt ein und das Stück verendet oder wird zunehmend schwerfälliger in seinen Bewegungen. Eine Nachsuche sollte grundsätzlich nie ohne brauchbaren Hund durchgeführt werden!

**nachziehen** – Laufendem Federwild folgen (Hund).

**nadeln** – Nadeln fressen.

**nageln** – Zehennägel in der Spur abdrücken (Dachs).

**Nahrung** → **Äsung**, **Atzung**

**Nahrungsaufnahme** → **äsen**

**nässen** – Harn lassen.

**Nase** → **Windfang**

**Nebenröhre** – Nebeneingang in den Bau.

**Nebenwechsel** – Gelegentlich benutzte Wechsel.

**Nenngeld** – Gebühr, die für die Anmeldung eines Jagdhundes zur Hundeprüfung gezahlt werden muss.

**Nest** – Wohn- oder Brutstätte von Insekten, Fischen, Säugetieren und Vögeln. Bei den Nest-Hockern bleiben die Jungvögel im Nest, die Nest-Flüchter verlassen es sofort nach dem Ausschlüpfen.

**Netzjagd** – Früher weit verbreitete Methode: Die Jagd mit Fangnetzen.



**Netzmagen** – Teil des Wiederkäuermagens.

**Neue** – Frisch gefallener Schnee auf einer Altschneeunterlage. Neue ist besonders günstig für die Fährtensuche, da sich zum Abfährten und Kreisen die Fährten und Spuren des einwechselnden Wildes sehr gut abzeichnen.

**Niederer Flug** – Alle Beizvögel mit Ausnahme des Falken und des Adlers sind Beizvögel vom Niederen Flug.

**Niederjagd** – Jagd auf alles Wild, das nicht zur Hohen Jagd zählte. Im übertragenen Sinne: Jagdgebiet, in dem vorrangig Niederwild heimisch ist.

**niedertun, (sich) niedertun** – Sich hinlegen.

**Niederwild** – Früher häufig auch Niederes Wild. Alles Wild, das nicht zur Hohen Jagd zählt: Rehwild, Feldhase, Alpen- oder Schneehase, Wild-kaninchen, Bisamratte, alles mittlere und kleine Haarraubwild, alles Federwild mit Ausnahme des Auerhahns, des Trapphans, des Trutwildes, von Stein- und Seeadler sowie des Uhus.

**Nimrod** – Nach dem Alten Testament der Name eines babylonischen Herrschers, der ein „großer Jäger vor dem Herrn" war. Heute werden besonders passionierte Jäger so genannt.

**nisten** → **horsten**

**Notbau** – Kleiner und flüchtig gegrabener Bau.

**Notzeit** – Zur Notzeit wird die Zeit der hart gefrorenen Bodendecke und der hohen Schneelage gerechnet, während der das Wild nur geringe Zugangsmöglichkeit zur regulären Äsung hat, sowie die äsungsarme Übergangszeit vom Winter zum Frühjahr, die Zeit der Vegetationsruhe.

**Nuss** – Weibliches Geschlechtsteil bei Beutegreifern.

**Nutzungsintensität** – In der Landnutzung: Maß für die zur Produktion je Flächeneinheit eingesetzten Produktionsfaktoren (Arbeit, Kapital) und ertragssteigernden bzw. -sichernden Produktionsmittel.

**Nutzwild** – Alles essbare Wild. Gegensatz: Raubwild.

# O



**Oberhaar** → **Grannenhaar**

**Oberrücken** – Oberer Teil der Schalen.

**Oberstoß** – Das obere Schwanz-Deckgefieder.

**offene Visierung** – Visiereinrichtung bei Feuerwaffen, bestehend aus Kimme und Korn.

**Ohren** → **Lauscher**, **Löffel**, **Teller**, **Behänge**, **Gehöre**, **Luser**

**Ökosystem** – Ein Beziehungsgefüge von Lebensgemeinschaft und Lebensraum.

**Okular** – Die dem Auge des Betrachters zugewandte („Einblickseite") des optischen Geräts (lat. oculus = das Auge).

**Ornithologie** – Vogelkunde.

**Ortstreue** – Gebundensein von Individuen an einen speziellen, einmaligen (konkreten) Standort wie es bei den verschiedensten Tiergruppen vorkommt (Heimbereich). Der Begriff darf nicht zu eng gefasst werden. Jungvögel kehren oft nur in die gleiche Gegend zurück, in der sie geboren wurden und suchen dann in der Nähe ihres Geburtsplatzes neue eigene Brutreviere auf. Man muss daher in solchen Fällen zwischen Geburts- und Brutortstreue unterscheiden. (Bayr. Min. f. Ern., Landw. und Forsten)

# P

**Paarungsbereitschaft** → **Hitze**

**Papillomatose** – Bei der Viruskrankheit Papillomatose bilden sich beim Gamswild vornehmlich am Windfang, am Geäse, dem Lecker, auf der Decke der Läufe und zwischen den Schalen warzenförmige, später blumenkohlartige Wucherungen. Sie treten vorwiegend im Spätherbst und Winter auf und behindern das Äsen und die Fortbewegung.

**Pass** – Der regelmäßige Weg des niederen Haarwildes (Dachs, Fuchs, Hase und Kaninchen). Der Jäger spricht also zum Beispiel vom Rehwechsel und vom Fuchspass.

**Passstangen** – Beide Abwurfstangen eines Hirsches aus demselben Jahr.

**Pasteurellose** – Bei der Pasteurellose zeigt sich eine starke Rötung der Drosselschleimhaut. Meist ist auch die Milz vergrößert und geschwollen.

Beim langsamen Verlauf finden sich gelbliche Auflagerungen auf den Lungen und dem Brustfell (fibrinöse Lungen- und Brustfellentzündungen). Erlegte Hasen, die Abmagerung oder Organveränderungen zeigen, sind genussuntauglich.

**Patrone** – Die zu einem Stück vereinigte Treibladung; Zündhütchen und Metallhülse umfassende Munition der Faustfeuer-, Handfeuer- und Maschinenwaffen, z. T. auch der Geschütze. Spezielle Patronen ohne festes Geschoss sind die Platz-Patrone (nur Knallsatz), Gas-Patrone (Tränengas) und Leucht-Patrone (Treib- und Leuchtsatz). (Brockhaus)

**Penis** → **Feuchtglied**, **Feuchtrute**

**Personenfeststellungsrecht** – Das Personenfeststellungsrecht gehört zu den Befugnissen des Jagdschutzberechtigten. Es beinhaltet, dass die Angabe der genauen Personalien (Name, Beruf, Stand, Gewerbe, Wohnort und Staatsangehörigkeit) verlangt werden kann.

**Perückengehörn** – Das Gehörn des Rehbocks, wenn eine Verletzung oder Krankheit die Funktion der Keimdrüsen während des Schiebens oder bei fertigem Gehörn unterbindet. Das Wachstumshormon wird nicht mehr durch das Sexualhormon gebremst. So überwuchert im Laufe des Jahres das ständig weiter wachsende Knorpelgewebe, das fast gar nicht verfestigt wird, langsam das Haupt des Bockes. Dies führt letztendlich nach ein bis zwei Jahren zum Tod.

**Petschaft** – Die helle Abbruchstelle der Abwurfstange des Hirsches, die von der dunklen Rose kranzförmig umgeben ist. Zur Altersschätzung und insbesondere auch zur Identifizierung ist die Petschaft eine gute Hilfe. Je größer die Petschaft im Verhältnis zur Breite des Rosenkranzes, umso älter ist der Hirsch. In der Regel wird die Petschaft dabei auch flacher. Die Form ändert sich jedoch nicht mehr, sodass durch einen Vergleich der charakteristischen Merkmale (Umfang, Einkerbungen und so weiter) der Hirsch immer zu identifizieren ist.

**Pfahl machen** – Aufgerichtet sichern (zum Beispiel Wiesel).

**Pfoten** → **Branten**

**Pinsel** – 1.) Haarbüschel am Penis von Schalenwild; 2.) Haarbüschel an den Ohren des Luchses.



**Pirsch** – Die Pirsch galt ursprünglich als die gebräuchlichste Form der Einzeljagd und stand im Gegensatz zur Gesellschaftsjagd. Gemeint ist ein aufmerksames Durchstreifen des Reviers unter Beachtung der Windrichtung mit dem Ziel, das Wild eher zu bemerken, als dieses den Jäger erkennt. Die Pirsch sollte nur in ausreichend großen Revieren durchgeführt werden. Sie verlangt gute Orts- und Wildkenntnis. Zu leicht ist ein Revier leergelaufen.

**pirschen, birschen** – Das Wild anschleichen.

**Pirschsteig** – Pirschsteige sollen das geräuschlose Anpirschen an die Hoch- oder Bodensitze ermöglichen. Im Hochgebirge sind umfangreiche, miteinander verbundene Pirschwegsysteme gebräuchlich und für die Gamsjagd auch notwendig. Allerdings werden sie meist nur von gröberen Hindernissen befreit und nicht peinlich gefegt wie Steige im Flachland. Der Nachteil: Sie werden früher oder später fast immer vom Publikum entdeckt und als Wanderpfade oder Joggingstrecken zweckentfremdet. Zumindest im Flachland und Mittelgebirge schaden verbindende Pirschwegsysteme daher mehr als sie nutzen.

**Piston** – Der kleine hohle Kegel beim Vorderlader, auf den das Zündhütchen gesetzt wird.

**planvolle Suche** – Der Hund hat eine planvolle Suche, wenn er gründlich und mit System Felder absucht.

**Plattkopf(hirsch)** – Hirsch ohne Geweih.

**plätzen** – Das Wegschlagen von Erde, Laub und Moos mit den Vorderläufen des Wildes. Es erfolgt aus Übermut und Unruhe vor und in der Brunftzeit. Außerdem pflegt Schalenwild zu plätzen, wenn es im Winter nach Äsung sucht. Rehwild plätzt, bevor es sich im Bett nieder tut. Rotwild plätzt nur selten.

**Platzhahn** – Der Hahn, der sich am Balzplatz gegenüber Nebenbuhlern behauptet.

**Platzhirsch** – Starker Hirsch, der mehrere Alt- und Schmaltiere zu einem Brunftrudel zusammentreibt.

**Postenschrote (= Roller)** – Weichbleikugeln von 4,5 bis 8,6 mm. Sie dürfen nach dem Jagdgesetz (Sachliche Verbote) nicht auf Schalenwild, sehr wohl aber zum Beispiel auf Fuchs angewendet werden – auch wenn hierfür die Eignung gering ist.

**Prämolaren** – Vordere Backenzähne im Gebiss der Säugetiere. Wichtiges Merkmal für die Altersbestimmung von Schalenwild.



**Pranken** – Die Pfoten des Haarraubwildes.

**Pranten** – Die Pfoten des Haarraubwildes.

**Projektil** – Geschoss.

**Prossholz** – Unbelaubte Zweige bestimmter Laubholzarten, Äsungsverbesserung im Winter für Schalenwild und Hasen.

**Pürzel** – Schwanz bei Schwarzwild und Dachs.

# Q

**Quarthäschen** – 1/4 Jahr alter Hase (männl. oder weibl.).

**Querschläger** – Ein Geschoss kann wegen mangelnder Stabilisierung (zum Beispiel durch einen zu langen Drall oder eine beschädigte Laufmündung) bereits in der Luft oder beim Anstreifen an Hindernisse (Gras, Äste) zu taumeln beginnen und wird schließlich quer auf dem Ziel einschlagen.

**Querwaffe** – Eine zweiläufige Langwaffe mit nebeneinander liegenden Läufen.

# R

**Rackelwild** – Kreuzungsprodukt zwischen Auer- und Birkwild.

**rammeln** – Geschlechtsakt bei Hasen.

**Rammler** – Männlicher Hase.

**Rammschäden** – Schlauchbrüche und Verletzungen bei Muffelwild.

**Ramsnase** – Nase mit gewölbtem Nasenrücken, bei Muffelwild, Elch,

**manchen Hunderassen.**

**ranzen** – Geschlechtliche Betätigung des Raubwildes.

**Ranzzeit** – Begattungs-, Fortpflanzungszeit bei Fuchs und Dachs.

**Raub** – Lebende Beute.

**Raubwild** – Alles Wild, das sich von lebendig ergriffener Beute ernährt, wird als Raubwild bezeichnet; im engeren Sinne stellt Raubwild eine Ordnung der Säugetiere mit großen Eckzähnen, starken Reißzähnen und scharfen Krallen dar, zum Beispiel Katzen, Hyänen, Hunde, Marder, Bären. Die in Deutschland am häufigsten vorkommende Raubwildart ist der Fuchs. Weiter gehören dazu der Marder, Otter, Dachs, Iltis, Wiesel, Luchs, Wildkatze und der Seehund. Zum Raubwild gehören auch der Marderhund und der Waschbär. Der neue Begriff für das Raubwild ist: Beutegreifer.

**Raubzeug** – Alle im Jagdgesetz nicht als jagdbar aufgeführten Tiere, die dem Friedwild schaden sowie wildernde Hunde und umherstreifende Katzen.

**Rauerpel** – Erpel während der Mauser.

**raufüßig** – Als raufüßig werden alle Vögel bezeichnet, deren Läufe bis zu den Zehen befiedert sind.

**rauschen** – Zustand geschlechtlicher Aktivität beim Schwarzwild.

**rauschig** – Begattungsbereit (beim Schwarzwild).

**Rauschzeit** – Begattungs-, Fortpflanzungszeit bei Schwarzwild.

**Rautek-Rettungsgriff** – Das beste Mittel, einen Verletzten aus einer Gefahrenzone zu bringen, ist der Rautek-Rettungsgriff. Dazu legt man ihm einen Arm an die Brust und ergreift diesen mit beiden, unter seinen Achseln durchgesteckten Händen. Bei Verdacht auf Wirbelverletzungen darf der Verletzte nur bei unmittelbarer Lebensgefahr bewegt werden.

**Reduktionsabschuss** – Abschuss, der einer Verminderung des überhöhten Wildbestandes auf eine bestimmte Menge dient. Zur Reduktion muss daher zahlenmäßig über den Zuwachs hinaus Wild erlegt werden.

**Reduzierhülse** – Im Unterschied zum Einstecklauf bzw. zur Einsteckpatrone wird mit Hilfe einer Reduzierhülse stets eine zwar hülsenkleinere, aber immer dem Kaliber der Waffe (zumindest weitgehend) entsprechende Patrone verschossen. Reduzierhülsen haben die äußere Form der Originalhülse.

**rege werden** – Unruhig werden.

**Regiejagden** – Eigenjagdreviere des Bundes und der Länder, die das Jagdrecht im Wege der Selbstverwaltung oder durch Verpachtung ausüben.

**Rehgeiß (= Ricke)** – Weibliches Rehwild.

**Rehkitz** – Reh im 1. Lebensjahr.

**Rehposten** – Stärkster Flintenschrot (6 bis 8 mm Durchmesser). In Deutschland zur Jagd auf Schalenwild allerdings nicht zugelassen.

**Rehwildhegegemeinschaften** – In Rehwildhegegemeinschaften haben sich die Jäger – häufig auch mit Jagdgenossen und Waldbesitzern vereint – auf landesgesetzlicher Basis oder freiwillig zusammengeschlossen, um Rehwild nach gemeinsam erarbeiteten Grundsätzen zu hegen und zu bejagen. Grundlage dazu bietet in vielen Fällen ein Lebensraumgutachten, in dem die Verhältnisse vor Ort und die Belastbarkeit des Lebensraumes festgehalten werden. Die Fläche sollte etwa 5000 bis 8000 ha umfassen und dabei durch örtliche Gegebenheiten sinnvoll begrenzt werden.

**Rehwildpatrone** – Alle Patronen, die nach den Bestimmungen der sachlichen Verbote des BJG für Rehwild, nicht jedoch für Hochwild zulässig sind. Es ist aber ein Irrtum zu glauben, dass die Rehwildpatronen (nur weil sie kleinkalibrig sind) bei guter zielballistischer Wirkung besonders wildbretschonend wirken. Oft ist das Gegenteil der Fall, sodass viele Jäger ihr Rehwild lieber mit der Universalpatrone erlegen.

**Reihzeit** – Zeit der Paarbildung bei Enten.

**Reineke Fuchs** – Hauptgestalt satirischer Tierdichtungen, die auf die alte Fabel vom Kampf zwischen Wolf und Fuchs (Isegrim und Reinhart) zurückgehen.

**reißen** – Packen und töten von Beute (bei Beutegreifern).

**Reißzähne** – Backenzähne bei Beutegreifern.

**Reizangel** – Die Reizangel besteht aus einem zwei bis vier Meter langen Stock und einer an dessen Ende befestigten, etwa gleichlangen Schnur. Am Ende der Schnur ist ein Hasenbalg, ein Deckenfetzen oder ein Stück Wild befestigt. Diese durch die Reizangel bewegte Beute veranlasst den Welpen zum Nachhetzen und Greifen, aber auch die Vorstehanlage lässt sich fördern. Beim heranwachsenden Hund lassen sich Gehorsamsübungen verstärken – der Hund muss trotz kreisendem Hasenbalg in der Haltlage verharren.



Neben den Attrappen wie Hasenbalg oder einer Federwildschwinge kann man auch ein Kaninchen oder einen Jungfuchs an der Reizangel befestigen. So lernt der Junghund auch ihm noch fremdes Wild kennen und greifen. All diese Übungen verschaffen dem Hund sehr viel Bewegung und stärken sein Selbstbewusstsein, da er bei der Hetze immer Sieger bleibt.

**Remise** – Der ältere Begriff für eine vor allem aus Holzpflanzen angelegte Zufluchtstätte des Wildes in freier Feldflur. Man begründete sie streng geometrisch im Hinblick auf Ausdehnung und Pflanzverband. Von der Hauptwindrichtung her war sie stufig aufgebaut und fiel zur anderen Seite schneller ab. Meist schlossen Wildäcker und Wildwiesen an sie an und sie war mit Fütterungen bestückt.

**Retriever** – Oberbegriff für englische Jagdhund-Rassen (Labrador Retriever, Golden Retriever, Flat Coated Retriever), deren gemeinsames Wesensmerkmal das Apportieren ist, „to retrieve“ = apportieren = zurückbringen. Sie gehören zusammen mit den Settern, Pointern, Spaniels und den deutschen Vorstehhunden zu der Gruppe der „Gundogs“.

Als Jagdhunde werden Retriever speziell für die Arbeit nach dem Schuss, zum Apportieren von Feder- und Haarwild eingesetzt. Da sie hierfür keinerlei Wildschärfe benötigen, fehlt Ihnen diese Anlage zumeist, was sie für andere jagdliche Aufgaben (zum Beispiel Nachsuche auf Schalenwild) grundsätzlich disqualifiziert.

**Revier** – Bezirk, begrenztes Gebiet, Tätigkeitsbereich; auch der von Tieren als eigenes Territorium betrachtete Lebensraum. Das von einem Individuum oder einem Sozialverband in Besitz genommene Gebiet innerhalb des Aktionsraumes, das während der Aktivitätsperioden allein beansprucht und gegen konkurrierende Artgenossen behauptet (Markierungshandlungen) und verteidigt wird.

Das gegen Artgenossen des gleichen Geschlechts verteidigte Mindestwohngebiet eines Tieres. Territorien sind Individuengrenzen, ihre Größe kann sich mit der Nahrungsmenge ändern. Territorialität kommt vor allem bei Wirbeltieren vor und hat besonders bei Vögeln und den verschiedensten Säugetieren eine große Bedeutung während der Brutzeit. Territorialität ist zum einen ein Mechanismus zur Erhöhung der Fitness eines Individuums, das ein Territorium verteidigt, zum anderen als Faktor der intraspezifischen Konkurrenz eine Möglichkeit der Regulation der Populationsdichte. (Bayr. Min. f. Ern., Landw. und Forsten)

**Revierjäger** – Berufsjäger. Die Hauptaufgabe des Revierjägers/der Revierjägerin ist es, für die Erhaltung eines den landschaftlichen und landeskulturellen Verhältnissen angepassten, artenreichen und gesunden Wildbestandes sowie für die Pflege und Sicherung der Lebensgrundlagen des Wildes zu sorgen. Der Schutz der von vielen Gefahren bedrohten heimatlichen Natur und der frei lebenden Tierwelt ist ein besonderes Anliegen dieses Berufes.

**Reviertreue** – Individuelle Bindung an den Heimbereich.

**Revolver** – Eine Faustfeuerwaffe, die meist fünf- oder sechsschüssig ist. Ihr Kennzeichen ist die Patronentrommel, durch deren Drehung stets eine neue Patrone vor den Lauf kommt. Das Spannen des Hahns wird entweder von Hand aus vorgenommen, was als Single-action-Revolver bezeichnet wird, oder es erfolgt durch Betätigung des Abzuges: Double-action-Revolver.

Bei entspanntem Hahn kann ein Revolver gefahrlos getragen werden. Zur Sicherheit sollte man aber besser den Schlagbolzen vor einer leeren Kammer ruhen lassen. Revolver gibt es in unterschiedlichen Lauflängen. Je länger der Lauf, desto präziser kann über Visier und Korn gezielt werden, desto unhandlicher und schwerer wird aber die Waffe.

**Ricke (= Geiß)** – Bezeichnung für das weibliche Rehwild vom dritten Lebensjahr an. Die Stücke haben ein Durchschnittsgewicht von aufgebrochen 14–16 kg.

**Rickenkitz** – Weibliches Reh im 1. Lebensjahr.

**riechen** → **Wind bekommen**, **winden**, **wittern**

**Riegeljagd** – Die in Süddeutschland und Österreich gebräuchliche Bezeichnung für die Drückjagd, meist durchgeführt auf Gams- und Rotwild.

**Risser** – Eck-, Reißzähne.

**Röhre** – In den Bau führender Gang.

**röhren** – Das Schreien des Hirsches in der Brunft.

**Rosenstock** – Ein knöcherner Stirnzapfen bei Geweihträgern, Basis des Geweihs.

**rote Arbeit** – Das Aufbrechen des Wildes.

**Rotfährte** – Schweißfährte.

**Rotspießer (= Schmalspießer)** – Hirsch im 2. Lebensjahr (in der Regel Spieße tragend).



**Rotte** – Eine Gruppe Schwarzwild.

**Rückfährte** – Führt von Feld zu Holz.

**Rüde** – Bezeichnung für den männlichen Hund und männliches Raubwild (nicht aber für Katzen).

**Rudel** – Die Vereinigung mehrerer Stück Schalenwild, bei nur wenigen Stücken auch als Trupp bezeichnet. Beim Schwarzwild ist der Verband eine Rotte, beim Gamswild auch Schar; Rehwild steht auch im Sprung beieinander.

**Ruder** – Füße (Schwan).

**Rufjagd** – Bei der Rufjagd ahmt der Jäger den Ruf eines suchenden

Hirsches nach, um damit den Platzhirsch zu reizen. Dabei darf er diesen nicht einschüchtern, sondern muss ihm durch richtige Tonwahl das Gefühl der Überlegenheit lassen.

Unterschieden werden der Ruf des suchenden Hirsches, der Sprengruf (wenn der Hirsch ein Stück Kahlwild treibt) und der Kampfruf (wenn sich zwei Hirsche gegenseitig drohen). Neben Tritonmuscheln, Ochsenhörnern, Abschnitten des Heracleumrohres und dünnen, gläsernen Lampenzylindern wird eine ganze Reihe von industriell gefertigten Hirschrufen aus Kunststoffen angeboten. Jäger mit tiefer, voller Stimme ahmen den Ruf auch mit den als Schalltrichter fungierenden Händen nach.

**Ruhen der Jagd** – Man spricht von Ruhen der Jagd auf Grundflächen, die zu keinem Jagdbezirk gehören, und in befriedeten Bezirken (die Definition des befriedeten Bezirks bleibt den Landesgesetzen überlassen – hierzu gehören in der Regel Friedhöfe, dem Aufenthalt von Menschen dienende Gebäude, Hofräume, Hausgärten und Wildgehege, außer Jagdgehegen). Eine beschränkte Jagdausübung kann gestattet werden (die Beschränkung kann sich zum Beispiel auf die Jagdzeit, die Wildarten, die Art der Bejagung und so weiter beziehen).

**Rupfung** – Stelle, an der Feder oder Haare der von Greifvögeln geschlagenen Beutetiere liegen.

**Rüster** – Das Holz der Ulme.

**Rute** – Der Schwanz des Hundes.

**rütteln** – Anhalten im Fluge und Verweilen an einer Stelle (durch rasches Schlagen mit den Schwingen) bei Greifvögeln, insbesondere beim Turmfalken.



# S

**Salzlecken** – Salzlecken versorgen Wild mit lebenswichtigem Kochsalz. Es gibt Barren-, Stock-, Stangen- und Lehmsulzen.

Das Salz soll die Verdauung anregen und den Stoffwechsel fördern, doch ist der praktische Nutzen sehr umstritten. Ein günstiger Einfluss auf die Geweih- und Gehörnbildung ist mehr als zweifelhaft. Salzlecken ziehen aber das Wild regelrecht an und es kann damit einigermaßen an bestimmte Revierteile gebunden werden. Salzlecken dürfen nicht im Winter betrieben werden. Sie rufen erhöhten Feuchtigkeitsbedarf beim Wild hervor, was zur Förderung der Schälung führt.

**Sammeln der Jäger, Schützen und Treiber** – Das Jagdsignal zählt zu den Leitsignalen, die einstimmig solistisch, meist auf Treibjagden, geblasen werden.

**Sasse** – Flache Mulde, Lager und Schlafstelle des Hasen.

**Satzhase** – Weiblicher Hase.

**Saufeder** – Eine ca. 30 cm lange, blattförmig-zweischneidige, manchmal auch vierkantige Klinge mit Parierstange an einem ca. zwei Meter langen Eschenholzschaft. Sie diente brauchtumsgerecht zum Abfangen von Schwarzwild, das von Hunden gestellt (gedeckt) war, wobei man die Klinge hinter dem Blatt bis zur Parierstange in den Wildkörper eindringen lässt. Das angebliche Auflaufen lassen von Schwarzwild ist, zumindest bei stärkeren Stücken, wahrscheinlich eher in den Bereich des Jägerlateins zu verweisen, weil nicht praktikabel. Die Saufeder ist zwar heute nur noch selten im jagdpraktischen Einsatz, hat aber sicher in manchen Situationen nach wie vor Berechtigung.

**Schabracke (= Sattelfleck)** – Weißer Haarfleck vor den Flanken beim männlichen Muffelwild.

**Schadhirsch** – Hirsch, der seine Gegner im Brunftkampf forkelt.

**Schaf mit Stümpfen** – Ein Muffelschaf mit kurzen Hörnern.

**Schalen** – Hufe/Klauen von Schalenwild = Paarhufer (Wisent, Elch, Reh, Dam-, Sikahirsch, Steinbock, Mufflon, Gams-, Rot-, Schwarzwild), bestehen aus Ballen, Hohle und Schalenwand.



**schälen** – Rot-, Dam-, Muffel- und Sikawild äsen nicht nur Knospen und Triebe, sondern sie schälen auch die Rinde vom Stamm und von freiliegenden Wurzeln junger Waldbäume. Durch diese Wunden können Insekten und vor allem Pilze eindringen und den Stamm entwerten.

**Schalenwild** – Wild, bei dem die Hufe als Schalen bezeichnet werden. Zum Schalenwild gehören Wisent, Elch-, Rot-, Dam-, Sika-, Reh-, Gams-, Stein-, Muffel- und Schwarzwild.

**Schälwald** – Eichenniederwald zur Gewinnung von Gerbrinde (Lohe).

**schärfen** – Abschneiden.

**Schaufelfedern** – Breite, große Steuerfedern des Hahnes.

**Schild** – 1.) grüner Brustfleck oder weißer Fleck am Achselgelenk des Hahnes; 2.) verdickte Schwarte über den Blattschaufeln beim (männlichen) Schwarzwild.

**Schirm** – Ansitzeinrichtung am Boden.

**Schlafbaum** – Baum für die Nachtruhe zum Beispiel von Federwild.

**Schlafstelle/Schlafraum** → **Kessel**, **Lager**

**Schlagbaum** – Zum Marderfang aus Knüppeln gebaute Prügelfalle.

**Schlegel** – Hinterschenkel.

**schlegeln** – Reflexhaftes Schlagen des getroffenen und zusammengebrochenen Wildes mit den Läufen.

**Schleier** – Federkranz um die Augen bei den Eulen. Bei der Schleiereule besonders auffällig, daher Namen gebend.

**Schleppe** – Duftspur gezogenen Niederwildes, dient der Ausbildung von Jagdhunden zum Verlorenbringen.

**Schliefanlage** – Künstliche Bauanlage als Übungsplatz für Erdhunde.

**Schlosstritt** – Fährtenzeichen beim Rotwild, insbesondere beim Hirsch. Mit Schlosstritt wird die Bewegung des Hirsches bezeichnet, wenn er hochgeht: Er setzt dabei einen Hinterlauf mitten in die Ruhestelle.

**Schlund** – Speiseröhre beim Schalenwild.

**schlüpfen** → **ausfallen**

**schmälen** – Warnlaut des weiblichen Rehs.

**Schmalreh** – Weibliches Rehwild im zweiten Lebensjahr.

**Schmaltier** – Weibliches Rotwild im zweiten Lebensjahr.

**Schmetterlingsvisier** – Begriff aus der Waffentechnik: Eine Kimme mit nach außen aufsteigenden Flanken. Dieses Visier wird von Theoretikern als Fluchtvisier favorisiert, ist aber dafür untauglich, weil es zuviel vom Wildkörper verdeckt.

**Schmuckbruch** – Als Unterlage für das Streckelegen sollten Brüche von gerechten Holzarten genommen werden. Auch für die Dekoration des Raumes und der Tische für die Feierlichkeiten der Jägerschaft sind Brüche sehr beliebt.

**Schnabel** – Der mit Hornscheiden überdeckte Unter- und Oberkiefer der Vögel, auch bei Schnabeltier und Schildkröten.

**Schnalle** – Weibliches Geschlechtsteil bei Haarraubwild und Hunden.

**schnallen** – Der Hund wird geschnallt, wenn er frei suchen oder ein aufgemüdetes krankes Stück frei verfolgen soll und ihm dabei die Halsung abgenommen wird.

**Schnitthaare** – Haare, die beim Eindringen des Geschosses in die Decke abgeschnitten wurden und zu Boden gefallen sind. Unverletzte Haare (Wurzelhaare), die man manchmal büschelweise, auch mit Deckenfetzen daran als Schlaghaare auf dem Anschuss findet, legen den Verdacht auf einen Streifschuss nahe.

**schnüren** – Gangart; der Fuchs setzt die Läufe bei normaler Gangart hintereinander.

**Schof** – Sammelname für Gänse- oder Entenfamilie.

**schollern** – Sich die Erde aus dem Fell schütteln.

**schonen** – Lahmen, lahm gehen.

**Schonung (= Kultur)** – Eine junge Anpflanzung oder Saat von Waldbäumen.

**Schonzeit, Hegezeit** – Zeit, während der das Jagen und Fischen bestimmter Tiere verboten ist. Die Schonzeiten dienen der Sicherung der Aufzucht der Jungtiere und der Hege des Wildes.

**schöpfen** – Trinken.

**schränken** – Die Läufe des Schalenwildes setzen bei ruhiger Bewegung seitlich versetzt zueinander auf; Fährtenzeichen vor allem beim Rotwild.

**Schränkung** – Die seitliche Ausbiegung des Schaftes.

**schrecken** – Warnlaute von Wild (vor allem Rot- und Rehwild).

**Schreckstoffe, engl. Repellents** – Chemische Stoffe, die bei Tieren Schreck- oder Fluchtreaktionen auslösen, im Gegensatz zu Lockstoffen. Künstliche Schreckstoffe werden zum Beispiel bei der Schädlingsbekämpfung benutzt.

**Schritt** – Fährtenzeichen des Hirsches. Die Entfernung der Tritte des ziehenden Hirsches voneinander ergibt die Schrittlänge, aus der auf die Stärke des Hirsches geschlossen wird.

**Schulter** → **Blatt**

**Schürze** – Haarbüschel an weiblichen Geschlechtsorganen, sichtbar insbesondere im Winterhaar, dient dann auch als Unterscheidungsmöglichkeit vor allem beim Rehwild.

**Schüsseltreiben** – Das gemeinsame Essen der Jagdgesellschaft nach der Treibjagd. In Süddeutschland steht dafür auch der Begriff Knödelbogen.

**schussfest** – Der Hund ist schussfest, wenn ihn der Knall eines Schusses in keiner Weise beeindruckt.

**schusshitzig** – Der Hund ist schusshitzig, wenn der Knall des Schusses (aufgrund gemachter positiver Erfahrungen) unkontrollierte Überreaktionen auslöst (zum Beispiel Kläffen, planloses Umherrennen).

**schussscheu** – Der Hund ist schussscheu, wenn der Knall eines Schusses massive Ängstlichkeit oder gar Fluchtverhalten auslöst. Vorhandene Schussscheue ist, im Gegensatz zur Schussempfindlichkeit, ein vererbter Wesensmangel, der den Hund für jegliche jagdliche Arbeit – aber auch für die verantwortungsvolle Zucht von Hunden – disqualifiziert.

**Schusswaffen** – Unter Schusswaffen im Sinne des Waffengesetzes versteht man Geräte, bei denen Geschosse durch einen Lauf getrieben werden. Auch alle bei der Jagd verwendeten Schusswaffen fallen unter den waffengesetzlichen Waffenbegriff.

Der Jäger verfügt über diverse Schusswaffen. Zu nennen sind die Langwaffen, also die Gewehre, die 60 cm und länger sind. Kurzwaffen sind Pistolen und Revolver, die weniger als 60 cm lang sind. Langwaffen werden in Kipplaufgewehre und in Gewehre mit feststehendem Lauf bzw. Laufbündel unterschieden.

Nach dem Ladevorgang unterscheiden sich die Langwaffen in Einzellader, Repetierwaffen und Selbstladewaffen. Die heutigen Jagdgewehre fallen unter den Begriff „nichtautomatische Hinterlader“. Die Vorläufer der modernen Jagdgewehre waren die Vorderlader mit dem Lunten-, Rad-, Feuerstein- und später dem Perkussionsschloss. Diese Waffen wurden von der Mündung her geladen. Wegen ihrer umständlichen Handhabung und ihrer unsicheren Funktion sowie mangelnder Präzision sind sie den modernen Jagdwaffen allerdings unterlegen. Der Erwerb und die Lagerung des bei Vorderladerwaffen ausschließlich verwendeten Schwarzpulvers unterliegen besonderen waffenrechtlichen Auflagen. Die Erwerbsscheinprüfung ist eine wichtige Voraussetzung.

**Schusswaffenteile** – Wesentliche Teile von Schusswaffen sind insbesondere der Lauf, der Verschluss und das Patronen- oder Kartuschenlager, wenn diese nicht bereits Bestandteile des Laufes sind;

bei Handfeuerwaffen mit einer Länge von nicht mehr als 60 cm auch das Griffstück oder sonstige Waffenteile, soweit sie für die Aufnahme des Auslösemechanismus bestimmt sind.

**Schwanzdeckfedern** – Obere Federn des Stoßes.

**Schwanzfedern** → **Bürzel**

**Schwarte** – Fell bei Schwarzwild und Dachs.

**Schweinepest** – Anzeigepflichtige Wildseuche.

**Schweiß** – Jägersprachlicher Ausdruck für Blut, das den Körper verlassen hat.

**Schweißarbeit (= Riemenarbeit)** – Die Nachsuche des Schalenwildes auf der Wund- oder Rotfährte mit dem Hund am Schweißriemen.

Für dieses Nachhängen gilt: Der Hund muss mit tiefer Nase arbeiten, riemenfest und fährtentreu werden! Trockenheit, Hitze und strenger Frost können die Schweißarbeit sehr erschweren. Für diese oft sehr schwierige Arbeit ist grundsätzlich der gut eingearbeitete und möglichst erfahrene Schweißhund heran zu ziehen. Nur bei erkennbar einfacheren Nachsuchen können auch entsprechend geeignete Jagdhunde anderer Rassen eingesetzt werden. Deutet der Anschuss durch eindeutige Pirschzeichen (zum Beispiel Lunge oder Leber) auf einen tödlichen Organschuss hin, kann auch dem zwar eingearbeiteten, aber noch unerfahrenen Hund die Möglichkeit zur Nachsuche gegeben werden, um die notwendige Erfahrung zu sammeln. Man beginnt mit der Schweißarbeit immer am Anschuss – nach Prüfung der Pirschzeichen – und schnallt den Hund erst dann, wenn man absolut sicher ist, dass das nachgesuchte Stück gerade aus einem warmen Wundbett geflüchtet ist. Der Hund muss das Stück hetzen und stellen, sodass der Hundeführer herankommen und den Fangschuss antragen kann.



**schweißen** – Bluten.

**Schweißfährte** – Fährte von angeschweißtem (Schalen-)Wild.

**Schweißhunde** – Jagdhunde zum Aufspüren von angeschossenem (schweißendem) oder krankem Schalenwild.

Folgende Schweißhunderassen werden unterschieden:

- Hannoverscher Schweißhund: er wird nur auf der Wundfährte von Hochwild eingesetzt, selten und nur ausnahmsweise auf der Wundfährte kranken Rehwildes.
- Bayerischer Gebirgsschweißhund: überwiegend auch auf der

Hochwildwundfährte, häufiger als der Hannoversche Schweißhund jedoch auch auf der Rehwild-Wundfährte.

Die Schweißhunde sind reine und unmittelbare Brackenabkömmlinge.

Ihre Stärken sind feinste Nase, Fährtenwille, Laut und Hetzpassion, verbunden mit der für beide Rassen typischen Bierruhe bei der Riemenarbeit.

**Seele (= Laufseele)** – Begriff aus der Waffentechnik: Das Innere des Gewehrlaufs.

**Seelenachse** – Begriff aus der Waffentechnik: Eine gedachte Linie in Längsrichtung durch die Mitte des Laufes (Mittellinie der Laufbohrung).

**sehen** → **äugen**

**Seher** – Augen (Hase, Kaninchen, Beutegreifer).

**Seitenschloss** – Ein Gewehrschloss für Kipplaufgewehre, das seitlich in den Schaft eingelassen ist, und dessen Teile – abgesehen von den Spannstangen und den Abzügen – auf einem Seitenblech angeordnet sind.

**Setter** – Die Setter bilden mit dem Pointer zusammen die Gruppe der englischen Vorstehhunde. Im Gegensatz zum Pointer sind aber alle Setter langhaarig.

Es gibt drei Setter-Rassen, die hauptsächlich für die Arbeit vor dem Schuss eingesetzt werden.

- English-Setter: Der aus England kommende English-Setter ist ein lang-haariger Vorstehhund von weißer Grundfarbe mit schwarzen oder orange- bzw. leberfarbenen Platten oder Tupfen (auch dreifarbig: schwarz-weiß-orange). Er ist in Schnelligkeit und Ausdauer dem Pointer ebenbürtig. Seine Bewegungen sind katzenhaft. Bei Wildwitterung berührt der Körper fast die Erde, die Nase steht hoch im Wind.
- Irish-Setter: Der Irish-Setter ist der bekannteste Setter. Er wird in der mahagoniroten Farbvariante mittlerweile auch häufig als Begleithund gehalten. Sehr viel seltener ist der rot weiße Irish Setter, bei dem rote Flächen/ Platten auf weißer Grundfarbe zu sehen sind.
- Gordon-Setter: Auch schottischer Setter. Gilt als der vielseitigste der Setter, der auch gut für die Arbeit nach dem Schuss herangezogen werden kann. Er zeigt die Farbe der jagenden Hunde, schwarz mit rotem oder rot-braunem Brand an Läufen und Kopf.

**setzen** – Gebären.

**Setzhase** – Weiblicher Hase.

**Setzzeit** – Zeit der Geburten.

**SG-Geschoss** – Abkürzung für Scheibengeschoss.

**sich abtun** – Zurückbleiben.

**sich auftun** – Sich erheben.

**sich ausschieben** – Den Lagerplatz verlassen.

**sich ausschlagen** – Den Lagerplatz verlassen.

**sich beuteln** – Das Gefieder (aus)schütteln.

**sich drücken** – 1.) bei Schnee in tiefere Lagen wechseln; 2.) Feindvermeidungsverhalten: sich flach niederlegen, um nicht gesehen zu werden, sich verbergen, sich verstecken.

**sich fährten** – Sich bewegen, eine Fährte hinterlassen.

**sich (ver)färben** – Haarwechsel (Sommer-, Winterfell).

**sich fiedern** – Wachsen des neuen Federkleides in der Mauser.

**sich fortstehlen** – Vor dem Jäger fortschleichen.

**sich herumwerfen** – Plötzliche Richtungsänderung.

**sich kesseln** – Im Kessel liegen.

**sich lösen** – Kot abscheiden.

**sich spüren** – Sich bewegen.

**sich stäuben** – Im Staub/Sand baden.

**sich suhlen** – Sich im Schlamm wälzen.

**sich verhalten** – Später austreten.

**sich verklüften** – Eigenschaft insbes. des Dachses, der bei Angriffen durch den Erdhund versucht, Erde zwischen sich und dem Hund aufzuhäufen, um damit den Hund vor weiterer Verfolgung abzuhalten.

**sich verlieren** – Sich im Bau verstecken.

**sich versetzen** – Sich im Bau verstecken.

**sich weiden** – Fressen.

**Sicheln** – Die bis zu vier tiefschwarzen Federn am großen Stoß des Birkhahnes.

**sichern** – Prüfen, ob Gefahr droht.

**sichtlaut** – Der Hund ist sichtlaut, wenn er den sichtigen Hasen laut hetzt.

**Sichtzeichen** – Alle Zeichen, die man dem Hund mittels Körperbewegungen zur Ausführung einer Arbeitsleistung gibt. So bedeutet zum Beispiel Erheben des Zeigefingers „Sitz"; Armhochheben, Stehenbleiben oder In-Anschlag-Gehen „Halt"; Wink mit der Hand oder Wendung des Körpers in eine bestimmte Richtung bedeuten, dass der Hund in dieser Richtung suchen soll.

**Signalgruppe** – Auf dem Horn geblasene Jagdsignale können in drei Gruppen unterteilt werden:

- Allgemeine Signale werden von einer Bläsergruppe geblasen, wenn die Jagdgesellschaft versammelt ist.
- Jagdleitsignale dienen der Führung der Jagd. Sie werden vom Jagdleiter oder seinen Beauftragten befohlen, sie haben auch heute noch eine gewisse rechtliche Relevanz, so zum Beispiel „Hahn in Ruh".
- Totsignale erklingen zu Ehren des erlegten Wildes beim Verblasen der Strecke. Jeder Wildart ist ein Totsignal gewidmet.

**Signalstift** – Begriff aus der Waffentechnik: Je nach Waffenmodell zeigt der Signalstift an, ob sich eine Patrone/Hülse im Patronenlager befindet oder ob das Schloss gespannt ist.

**Silage** – Durch Gärung unter Luftabschluss konserviertes Futter. Es ist eine Hauptkomponente der Grundfutterversorgung. Es dient Schalenwild als Saftfutter im Winter.

**Sitzstock** – Sitzstöcke werden meist auf Gesellschaftsjagden verwendet. Praktisch sind sie auch bei längeren Pirschgängen, auf denen man sich immer wieder für einige Zeit niedersetzt. Praktischer als Sitzstöcke sind hierbei jedoch Rucksäcke mit integriertem Klappsitz.



**Sohlengänger** – Säugetiere, die mit ganzer Fußsohle auftreten, zum Beispiel Bären, Nagetiere.

**Spaniel** – Gehört zur Gruppe der Stöberhunde; es gibt im Wesentlichen den Cocker-Spaniel und den Springer-Spaniel. Der aus England stammende Cockerspaniel ist ein Stöberhund und wesentlich kleiner als der Wachtel. Der lockere Spurlaut ist durch entsprechende Zuchtmaßnahmen mittlerweile genetisch weitestgehend fixiert. Er sucht und jagt in aller Regel kürzer unter der Flinte als der Wachtel. Im Rahmen seiner Möglichkeiten leistet er auch auf der Wundfährte gute Arbeiten.

Die sinnvollen Einsatzmöglichkeiten des größeren Springer-Spaniels sind durch seinen häufig fehlenden Spurlaut begrenzt. Ein stumm jagender Stöberhund verunsichert das Wild, das dann völlig kopflos mit großer Geschwindigkeit flüchtet. Vor dem spurlauten Hund, dessen Aufenthaltsort das Wild orten kann, kommt das Wild dagegen langsam und kann somit besser angesprochen und gegebenenfalls erlegt werden.

Beide Spanielrassen werden bei uns im großen Stil auf Schönheit gezüchtet (Formzucht). Die jagdliche Zucht spielt gegenüber der Formzucht eine eher untergeordnete Rolle. Der Jäger, der einen Jagdspaniel sucht, ist daher gut beraten, über die Zuchtvereine nach jagdlichen Linien Ausschau zu halten, die es in den meisten Zuchtvereinen neben der Formzucht auch noch gibt.

**Spannbrett** – Vorrichtung zum Aufspannen und Trocknen von Bälgen.

**Spannweite** – Bei Vögeln: Die Entfernung zwischen den Flügelenden.

**späte Fährte** – Erst bei Tagesanbruch getreten.

**Spezialisten** – Spezialisten bei den Jagdhunden werden Vertreter von Rassen genannt, die eine Disziplin besonders gut beherrschen – entweder durch bestimmte körperliche oder anlagebedingte außergewöhnliche Fähigkeiten, weniger durch eine ganz gezielte Abrichtung in einem speziellen Fach.

Zu den Spezialisten gehören zum Beispiel die Schweißhunde, die fast ausschließlich auf der Krankfährte von Schalenwild gearbeitet werden oder auch die Retriever, der speziell zum Apportieren von Niederwild, insbesondere Federwild gezüchtet wurden. Die Erweiterung des Einsatzspektrums ist fast immer sehr problematisch zu sehen. Den Spezialisten stehen die Generalisten entgegen, manchmal auch Vollgebrauchshunde genannt. Diese können die gesamten Anforderungsbreite der jagdlichen Aufgaben abdecken, sofern sie nicht körperlich dazu geeignet sind (Bauarbeit für Vorstehhunde oder Fuchsapport für Teckel natürlich ausgeschlossen), sind aber meist den jeweiligen Spezialisten in ihrem Gebiet unterlegen. Beispiele für Generalisten sind zum Beispiel die Kontinentalen Vorstehhunde und insbesondere auch die Teckel.

**Spiegel** – Bei Schalenwild (außer Schwarzwild) heller Haar-Fleck um das Weidloch; auffälliges Federfeld an den Schwingen vieler Enten bzw. am Flügelansatz beim Auerhahn.

**Spiel** – Schwanz bei Birkwild und Fasan.

**Spielhahn** – Birkhahn.

**Spieß** – Geweihstange ohne Seitensprossen.

**Spießer** – Bock oder Hirsch mit spießförmigem Gehörn ohne Vereckung (kein Alterskriterium).

**Spinne** – Euter bei Hirscharten.

**Spitz-Erl** – Technik zur Herstellung von feststehenden Messern: Der Erl sieht aus wie eine Stange, die am Griffende verschraubt oder verkröpft wird.

**Sprengen** – 1.) den Fuchs aus den Bau zu treiben; 2.) eine Rotte Sauen vereinzeln.

**Sprengruf** – Die Lautäußerung des Hirsches in der Brunft.

**Sprung** – Die Vereinigung mehrerer Stück Rehwild. Da die sozialen Bindungen beim Rehwild nur sehr locker sind, besteht ein solcher Sprung in der Regel nur aus einem kleinen Familienverband von Ricke mit Kitzen. Größere Gemeinschaften sind nur im Winter und bei Feldrehen zu beobachten. Ältere Böcke leben überwiegend allein.

**Spur** – Trittspur beim Haarwild außer Schalenwild.

**Spurgang** – Revierbegehung zum Zweck des Abspürens, insbesondere bei Neuschnee.

**Spurlaut** – Erwünschtes Bellen des Hundes bei der Verfolgung einer Wildspur, bzw. des nicht sichtigen Wildes (Hase, Fuchs).

**spurlaut jagen** – angeborene Lautäußerung des Jagdhunds beim Verfolgen des nicht sichtigen Hasen oder Fuchses.

**Spurwille** – Den Spurwillen eines Hundes erkennt man an dem Eifer des Hundes, eine Spur oder Fährte auch unter schwierigen äußeren Bedingungen auszuarbeiten (zum Beispiel eine ältere Spur oder eine solche über einen trockenen Acker verlaufende).

**Standarte** – Schwanz beim Fuchs.

**Standbaum** – Baum, auf welchem der Hahn bei der Balz steht.

**Ständer** – Beine, Füße bei Federwild.

**Standesbruch** – Wird in Österreich und Bayern an der linken Hutseite zu Festlichkeiten als Schmuck und zu Trauerfeiern getragen. Im Trauerfall wird er dadurch abgewandelt, dass er mit der matten Seite nach außen getragen wird.

**Standlaut** – Das Bellen des Hundes vor dem von ihm gestellten Wild.

**Standplatzbruch** – Zeigt in Verbindung mit einem Hauptbruch den Stand eines Schützen während einer Gesellschaftsjagd an. Er ist armlang und wird halbkahl, das heißt ohne die unteren Seitenäste, in den Boden gesteckt. Auf Niederwildjagden werden auch Wartebrüche als Standplatzkennzeichen verwendet. Daneben existieren eine Reihe von Möglichkeiten, einen Schützenplatz zu markieren, zum Beispiel Leuchtbänder, Farbe oder nummerierte Holzpflöcke.

**starke Bache** – Bache ab 5. Lebensjahr.

**stellen** – Wild angreifen (Hund) und so bedrängen, dass es nicht weiter flüchtet.

**sterben** → **eingehen**, **fallen**

**stichelhaarig** – Rauhaarige Haarvariante bei Jagdhunden.

**Stich- und Schneidewaffen** → **blanke/kalte Waffen**

**stickige Reifung** – Stickige Reifung ist an der starken Säuerung des Wildbrets (niedriger pH-Wert), an der veränderten Fleischfarbe (kupferrot bis rotbraun) und an dem säuerlich-muffigen, zum Teil strengen Geruch erkennbar. Wird derartiges Wildbret zubereitet, dann schmeckt es faulig-muffig. Finden sich vorgenannte Feststellungen bei einem Stück Haarwild, dann ist es ohne Ausnahme zur amtlichen Fleischuntersuchung anzumelden oder unschädlich zu beseitigen.

**stöbern** – Der Hund arbeitet selbständig in unübersichtlichem Gelände, gefundenes Wild jagt er fährten- oder spurlaut dem Schützen zu.

**Stöberjagden und Riegeljagden** – Derartige Jagden verlangen anhaltend und weit stöbernde Hunde, große Waldgebiete, eine größere Jägerzahl und zwei, besser drei Stunden Zeit.



**Stockenten-Jagdarten** – Gebräuchliche Jagdarten auf Stockenten sind Stöbern, Anstand und Lockjagd.

**Stockmaß** – Schulterhöhe, zum Beispiel des Hundes.

**Stocksulze** – Eine Vertiefung in einem Baumstumpf, in den ein Salzleckstein gelegt wird.

**Stoß** – Schwanzgefieder beim Federwild.

**Stoßfedern** – Schwanzfedern.

**Streckelegen** – Nach dem letzten Treiben wird alles erlegte Wild, die Strecke, zusammengetragen und für das Verblasen der Strecke zurechtgelegt. Auf einer sauberen Rasenfläche oder auf unterlegten

Brüchen wird die Strecke nach Wildarten, Geschlecht und Stärke geordnet gelegt. Alles Wild liegt dabei auf der rechten Körperseite und ist gerecht verbrochen. Um den feierlichen Charakter des Verblasens noch zu unterstreichen, werden meist kleine Holzfeuer oder Fackeln an den vier Ecken der Strecke angerichtet.

**Streife** – Bei der Streife bilden Jäger und Treiber (ideal: ein Schütze auf zwei Treiber) eine gerade Front, und streifen so durch das Gelände. Dieses sollte übersichtlich sein.

Gelegentlich werden einzelne Schützen am Ende eines Treibens vorgestellt. Sobald diese Vorstehschützen in den Gefahrenbereich geraten, darf nur noch nach hinten geschossen werden. Von einer böhmischen Streife spricht man bei folgendem Vorgehen: Bei ihr wird nicht nur – wie bei der Streife – eine gerade Front gebildet, sondern rechts und links je ein Flügel, bestehend aus je zwei bis drei Schützen, vorgezogen. Hunde arbeiten in der Regel bei dieser Jagd nicht als Treiber, weil sie das Wild zu früh nach vorne wegdrücken. In größeren stehenden Senf-, Raps-, Bohnen- oder Maisäckern unter anderem kann es aber notwendig sein, gehorsame Hunde stöbern zu lassen. Anschließend kommen sie wieder an die Leine.

**Streifschuss** → **Krellschuss**

**streunen** – Der Hund streunt, wenn er auf eigene Faust jagt.

**Stroh'sche Zeichen** – Knötchen an der Außenseite des Vorderlaufs von Haarwild, das sich mit zunehmendem Alter verwächst; daher Alterskennzeichen insbesondere beim Hasen.

**stubenrein** – Der Hund ist stubenrein, wenn er in der Wohnung weder Kot noch Urin absetzt.

**Sturz** – Schwanz.

**Suchjagd** – Zur Suchjagd ist ein Vorstehhund erforderlich. Die klassische Suchjagd erfolgte auf Rebhühner und Federwild in weiten, offenen Feld- oder Moorlandschaften (dort auch Birkhühner, Bekassinen, Schnepfen, Grouse).



Ein oder zwei Jäger genügen, doch wurden zur Hühnersuche meist mehrere Vorstehhunde geführt und entsprechend groß war die Zahl der Jäger. Der Hund sucht in Schleifen weiträumig vor dem/den Jäger(n) das offene Gelände ab (Sichtkontakt). Bekommt er von sich drückendem Niederwild Wind, zieht er an und steht es vor. Der Jäger rückt dann auf, tritt das Wild heraus (oder er fordert den Hund auf einzuspringen) und versucht es zu erlegen.

**Suhle** – Wassertümpel, in der Schwarzwild, Rotwild oder Sikawild im Schlamm wühlen. Suhlen dienen der Körperreinigung und dem Fernhalten von Fliegen, Hirschlausfliegen und Stechinsekten, weniger zur Abkühlung.

**suhlen** – Ein Schlammbad nehmen.

# T

**Talg** → **Inselt**

**Tasche** – Weibliches Geschlechtsorgan.

**Tauschlag** – Fährte am frühen Morgen.

**Teilzerlegungsgeschosse** – Die bekanntesten Teilzerlegungsgeschosse sind das RWSH-Mantel-Geschoß (HMK), das Brenneke Torpedo-Ideal-Geschoß (TIG) und das Brenneke Universal-Geschoß (TUG), Nosler Partition, Speer GS etc. Ihr vorderer Geschossteil (oder ein durch radiale, das heißt umlaufende Sollbruchstellen, Einschnürungen oder Rillen definierter Teil davon) splittert nach dem Eindringen in den Wildkörper kontrolliert ab und gewährleistet die Breitenwirkung. Der verbleibende Geschossschaft soll möglichst unter Vergrößerung seines Querschnitts die erforderliche Tiefenwirkung sowie gegebenenfalls Ausschuss erzielen. Sie übertreffen die wundballistische Leistung von Splittergeschossen bei Weitem und kommen in ihrem Effekt den Deformationsprojektilen gleich. In der Augenblickswirkung sind sie manchen Deformationsgeschossen überlegen. Teilzerlegungsgeschosse kommen hauptsächlich für Hochwild zur Anwendung. Auf Rehwild sind sie wesentlich wildbretschonender als Splittergeschosse.



**Teletakt** – Ein heute veraltetes technisches Gerät, welches auf Wunsch elektrische Impulse abgibt; Zwangsmittel bei der Abrichtung von Hunden. Zwang spielt schon in der natürlichen Sozialordnung der Meute eine wesentliche Rolle. Zwang ist hier ein Instrument zur Herstellung der Rangordnung bzw. der Unterwerfung unter ein höherrangiges Tier. Bei den Gehorsamsübungen (zum Beispiel Halt, Apportierübungen) kann auf eine gewisse Zwangsanwendung nicht verzichtet werden. Der absolute Gehorsam in jeder Situation macht erst den brauchbaren Hund aus und ist bei der praktischen Jagdausübung Grundvoraussetzung für jagdlichen Erfolg.

Bei der Abrichtung ist die Anwendung von Zwang, die je nach Empfindlichkeit des Hundes genau dosiert sein muss, ein negativer Reiz, durch den man ein erwünschtes Verhalten erreichen will. Häufig reicht die verbale Strafe (zum Beispiel ein streng gesprochenes „Pfui“) oder das Ziehen am Dressurhalsband schon aus, um dem Hund unmissverständlich unseren Unwillen zu zeigen.

Die Anwendung des Teletakts ist wohl die stärkste Form des negativen Reizes und ist bei der Jagdhundeausbildung gem. Urteil des Bundesverwaltungsgerichts verboten.

**Teller** – Ohren bei Schwarzwild.

**Terzel** – Falknerausdruck für die meisten männlichen Greifvögel, aber Sprinz beim Sperber.

**Tiefblattschuss** – Beim Tiefblattschuss wird das Herz getroffen.

**Tierkalb (= Wildkalb)** – Weibliches Rotwildkalb im ersten Lebensjahr.

**Tierleiche → Aas**

**Tirolerbracke** – Das Ursprungsland der Tirolerbracke ist Österreich.

Die Größe liegt zwischen 42–50 cm Schulterhöhe. Die Farbe ist rot oder schwarz/rot, zum Teil mit weißen Abzeichen an Brust und Läufen. Das Haar ist stockhaar derb, eher grob als fein, Bauch behaart, Rute mit guter Bürste.

**Tombak** – Begriff aus der Waffentechnik: Material, aus dem der Mantel von modernen Teilmantelgeschossen hergestellt wird. Es handelt sich um eine Messinglegierung mit sehr hohem Kupferanteil.

**töten → erlegen, auf die Decke/Schwarte legen**

**Totengräber** – Ein Totengräber-Hund verbuddelt zum Beispiel auf der Schleppe gefundenes Wild, manchmal gar in Sichtweite seines Führers, statt ihm dieses auftragsgemäß zuzutragen.

Die Ursachen hierfür sind zu suchen in mangelndem Konnex zum Führer oder aber in der Sorge um die Beute, die er beim Anblick anderer Hunde oder Menschen empfindet, oder wenn er seinen Herrn, mit dem er die Beute teilt, nicht finden oder in einer Menschenansammlung nicht erkennen kann. Der Hund wird unsicher und vergräbt. Das Vergraben ist entweder auf falsche Einarbeitung oder auf eine nicht funktionierende Meuteordnung (Führer – Hund) zurückzuführen.

**tottrinken** – Wurde ein besonderes Stück Hochwild auf der Einzeljagd erlegt, so lädt der Erleger seine nächsten Weidgenossen am Abend zum Umtrunk ein. Das Stück wird gerecht verbrochen und verblasen. Es gilt erst dann als „totgetrunken", wenn so manches Schlückchen auf das Stück, den Erleger und das edle deutsche Weidwerk getrunken wurde.

**totverbellen** – Das Lautgeben des Hundes, wenn er ein Stück Schalenwild verendet gefunden hat. Dieses ist manchmal angewölft, lässt sich aber auch andressieren. Im Gegensatz dazu kehrt beim Totverweisen der Hund vom verendet gefundenen Stück zum Führer zurück und führt ihn dorthin.

**Tracht** – Gebärmutter.

**trächtig sein** → **aufgenommen haben**, **dick gehen**, **inne haben**

**Träger** – Hals bei Trophäenträgern.

**Tragezeit** → **Heckzeit**

**Tragsack** – Gebärmutter.

**Treiber** – Ein Jagdhelfer, der die Aufgabe hat, bei Treibjagden das Wild aufzuscheuchen. Er muss – ebenso wie die Schützen – die Anweisungen des Jagdleiters befolgen. Vorschrift ist, dass die Treiber auffällige Kleidung tragen, damit sie gut erkennbar sind. Jugendlichen und Kindern unter 18 Jahren ist es nach den Regeln der Unfallverhütung untersagt, als Treiber zu fungieren.

**Treiber in den Kessel** – Jagdsignal, das beim Kesseltreiben wichtig ist: Ist der Kessel auf etwa 300 Meter Durchmesser geschrumpft, ertönt zunächst das Signal „Halt – Treiber in den Kessel". Die Treiber lösen sich jetzt aus dem Schützenkreis und dringen zum Mittelpunkt vor. Die Schützen bleiben stehen und dürfen nur noch nach außen schießen. Sobald die Treiber sich in der Mitte getroffen haben, wird abgeblasen.



**Treibjagd** – Gesellschaftsjagd, bei der das Wild von Treibern mit oder ohne Hunde laut vor die Schützen getrieben wird. In der Regel auf Niederwild.

**trenzen (= knören)** – Leiser, kurzer Brunftlaut des Hirsches.

**trinken** → **schöpfen**

**Tritte** – Füße (Taube).

**Trittsiegel, Tritt** – Fußabdruck. Die Aneinanderreihung der Tritte ergibt beim Hochwild und Trappen die Fährte, beim übrigen Haarwild die

Spur (Brackenjäger sprechen auch beim Hasen und Fuchs von der Fährte), beim Federwild das Geläuf.

Als Trittsiegel wird ein Tritt bezeichnet, der deutlich abgedrückt ist und ein Stück Schalenwild nach Art und Geschlecht erkennen lässt. Zur Unterscheidung des Trittsiegels von Rot-, Dam- und Schwarzwild: Die Ballen nehmen beim Rotwild etwa 1/3, beim Damwild aber etwa die Hälfte des Trittes ein. Der Tritt des Schwarzwildes ist durch den Abdruck des Geäfters gekennzeichnet, das immer über die Breite der Schalen hinaus ragt.

**Trophäen** – Erinnerungsstücke von erlegtem Wild, zum Beispiel Geweihe, Gehörne, Bärte, Grandln und so weiter.

**Tupfspur** – Eine Art der Herstellung einer künstlichen Schweißfährte.

Zum Tupfen verwendet man einen sogenannten Tupfstock, an dessen Ende ein ca. 4 $cm^2$ großes Schwämmchen befestigt ist. Man tupft das Schwämmchen bei jedem zweiten Schritt auf den Boden. Wird die Schweißmenge beim Auftupfen zu gering, wird das Schwämmchen in den mitgeführten Schweiß eingetaucht.

# U

**Umtriebszeit** – Eine durchschnittliche Produktionsdauer für eine Baumart. Sie variiert nach Baumart, Standort, Klima und dem angestrebten Wirtschaftsziel. Die Umtriebszeit schwankt zum Beispiel bei den folgenden Baumarten in den angeführten Bereichen:

- Eiche 180–300 Jahre
- Buche 120–160 Jahre
- Fichte 80–120 Jahre
- Douglasie 80–120 Jahre
- Lärche 80–140 Jahre
- Kiefer 80–140 Jahre

Bei Pappeln und Baumweiden ist die Umtriebszeit kurz.

**Unfallwild** – Bei einem Unfall getötetes Wild.

**Unpaarhufer, Unpaarzeher** – Huftragende Säugetiere mit stark entwickelter Mittelzehe; Pferde, Nashörner, Tapire.

**Unschlitt** – Talg.

**Unterbeißer** – Gebissanomalie: seltene Bezeichnung für Rückbeißer; verkürzter Unterkiefer.

**unterladen** – Von Unterladen spricht der Jäger, wenn sich Patronen im Magazin, jedoch nicht im Patronenlager befinden.

Eine unterladene Waffe zählt als geladen! Im Übrigen ist ein Unterladen nur dann statthaft, wenn auch das Führen der geladenen Waffe gestattet wäre. Dies ist insbesondere für sogenannte Treiberschützen bei Drück- und Treibjagden wichtig.

**Unterstoß** – Der untere, flaumige Teil des Schwanzgefieders.

**Urhahn** – Auerhahn.

**Überbeißer** – Gebissanomalie: seltene Bezeichnung für Vorbeißer; verlängerter Unterkiefer.

**Überhälter** – In Verjüngungsflächen belassene einzelne erwachsene Bäume. Sie dienen einerseits der Samenproduktion, andererseits der Produktion starken und qualitativ hochwertigen Holzes. Sie werden aber auch aus ästhetischen und ökologischen Gründen in die nächste Umtriebszeit übernommen. Bekannt bei Eiche und Kiefer, manchmal Tanne.

**Überhege** – Übermäßige Hege. Der Wildbestand wächst stark an und steht in Missverhältnis zu seinen Lebensgrundlagen. Überhege führt oft zu Wildschäden und zu schlechter Verfassung des Wildes.

**Überläufer** – Wildschwein im zweiten Lebensjahr. Überläufer sind meist schon wie erwachsene Sauen gefärbt, also schwarz oder schwarzbraun, oft mit grauem oder silbergrauem Anflug. Der Kopf eines Überläufers ist noch relativ kurz, bei männlichen Stücken sind die typischen Geschlechtsmerkmale nur wenig entwickelt.

# V

**Vagabundieren** – Ungerichtete Suchbewegungen eines Tieres infolge innerer Reize (besonders Hunger und Geschlechtstrieb), bis seine angeborenen Auslösermechanismen auf entsprechende Außenreize ansprechen.

**verbeißen** – Fressen von Knospen und Trieben.

**Verbiss** – Fraßstellen an Bäumen und Sträuchern.

**Verbissgehölz** – Das Verbissgehölz liefert Rot- und Damwild wertvolle Weichhölzer, die es schälen kann. Die vielen saftigen Jungtriebe der dort stockenden Bäume und Sträucher werden von ihm als Ganzes genommen. Außerdem findet das Rehwild dort Knospen- und Blattäsung. Ein Verbissgehölz wird auch gern vom Hasen besucht. Flugwild zeigt Interesse an ihm, weil es dort mehr Insekten findet als anderswo. Außerdem bietet es allen frei lebenden Tieren schützende Deckung. Verbissgehölze setzt man gern auf Stockwälle oder legt sie an Bestands- bzw. Waldrändern an. Verbissgehölze werden vorwiegend mit Weide, Eberesche, Haselnuss, Hartriegel, Liguster, schwarzem Holunder (bzw. Hirschholunder), Hagebutte, Obstarten, eventuell auch mit Hainbuche und Akazie bestückt.

**verblasen** – Nachdem die Strecke gelegt ist, wird die Jagdgesellschaft mit dem Signal „Sammeln der Jäger" zusammengerufen, um das erlegte Wild zu ehren. Wenn alle ihre Plätze eingenommen haben, gibt der Jagdleiter dem Jagdherrn bzw. der Jagdherr die Strecke bekannt. Der Jagdherr bedankt sich bei den Mitwirkenden. Gegebenenfalls wird er die Erleger, soweit dies nicht schon geschehen ist, mit Brüchen auszeichnen. Danach lässt er die Strecke verblasen. Dazu werden die entsprechenden Totsignale in der Reihenfolge der gelegten Strecke geblasen. Die Jagd klingt mit den Signalen „Jagd vorbei – Halali!" aus.

**verblenden** – 1.) verkleiden einer Ansitzeinrichtung durch Zweige oder sonstigen Sichtschutz; 2.) erlegtes Wild gegen Anschneiden durch Raubwild und Sauen zu schützen.

**verenden** – Durch Schuss oder Unfall sterben.

**verfärben** – Haarwechsel. Bei Schwarzwild: versetzen.

Zwischen dem Sommer- und dem Winterhaar bestehen meist Farbunterschiede im Fell, daher der Name.

**verfrischen** – Tote Junge gebären (bei Schwarzwild).

**vergrämen** – Verscheuchen.

**verhären** – Haarwechsel.

**verhitzen** – Durch mangelhafte Auskühlung verursachte Zersetzung des Wildbrets.

**verhoffen** – Anhalten in der Fortbewegung; prüfen, ob Gefahr droht.

**verklüften** – Von Verklüften spricht der Jäger in folgender Situation: Werden Fuchs oder Dachs im Bau stark von einem Hund bedrängt, dann scharren sie oft die Röhre zwischen sich und dem Hund zu. Auch Erdhunde können sich verklüften, wenn sie sich selbst den Rückweg aus dem Bau versperren. Durch einen Bodeneinschlag kann der verklüftete Hund befreit werden. Man versucht, nachdem man den ungefähren Standort des Hundes durch Abhorchen des Bodens ermittelt hat, durch eine Grabung zu dem Hund zu gelangen und ihn aus seiner misslichen Lage zu befreien. Dies ist allerdings bei Felsbauten nahezu unmöglich.

**Verlorenbringer** – Ein Hund, der die Wundspur des nicht oder nicht mehr sichtigen Hasen (Fuchs) arbeitet, bis er schließlich den verendeten Hasen (Fuchs) findet, bzw. den kranken Hasen sticht (den Hasen oder Fuchs aufjagt), hetzt, fängt, abtut und bringt. Üben kann der Hund das Verlorenbringen durch Arbeiten auf der Haar- und Federwildschleppe. In der Jagdpraxis darf man den Hund nicht auf Sicht hetzen lassen, sondern ihn erst schnallen, wenn er das Wild nicht mehr sieht und nachdem man ihn zur Spur gelegt hat.

**vernehmen** – Hören.

**Versager** – Ein Schuss, der nach dem Abschlagen des Schlosses nicht bricht. Die Ursachen sind wie beim Nachbrenner meist mechanischer Art. Munitionsbedingte Ursachen für den Versager sind dagegen selten und kommen höchstens bei Billigmunition, falscher Lagerung oder totaler Überalterung vor.



**Verschluss** – In der traditionellen Bauweise von Jagdwaffenverschlüssen waren Laufhakenverschlüsse (einfach oder doppelt) meist in Kombination mit einfachem Greener-Verschluss (dann als sogenannter Scott-Verschluss) oder in Kombination mit Kersten- oder Doppelgreener-Verschluss ausgeführt.

Die moderne Bauweise von Jagdwaffen mit Kipplaufverschluss ist häufig die eines einfachen Keilverschlusses, der in der Regel aber eine größere Keilfläche verriegelt und somit mindestens dieselbe Leistung verbringt wie traditionell aufwändige Verschlüsse.

**versetzen** – 1.) tote Junge gebären; 2.) Haarwechsel beim Schwarzwild.

**vertraut sein** – Sorglos sein.

**verwerfen** – Tote Junge gebären.

**Viole** – Ein Organ auf dem Luntenansatz des Fuchses, das Duftmarkierungen (Veilchen) absondert.

**Visiereinrichtung** → **Absehen**

**Vogeldunst** – Bezeichnung für feinstes Schrot.

**Vollschaufler** – Starker Hirsch mit voll ausgebildeter Schaufel.

**Vorbeißer** – Gebissanomalie; Unterkiefer zu lang (Standard bei Boxer, Mops unter anderem).

**Vorderlader** – Gelten als Vorläufer der modernen Jagdgewehre. Sie hatten ein Lunten-, Rad-, Feuerstein- und später ein Perkussionsschloss.

Diese Waffen wurden von der Mündung her geladen und kamen deshalb zu ihrem Namen. Vorderlader sind auch heute noch zur Jagd zugelassen. Wegen umständlicher Handhabung und unsicherer Funktion sowie schlechterer Präzision sind sie allerdings den modernen Jagdwaffen unterlegen.

**vorliegen** – Von Vorliegen spricht der Jäger, wenn der Erdhund im Bau vor Fuchs oder Dachs Standlaut gibt (nicht zu verwechseln mit baulaut). Nach einer Zeit des Vorliegens verlässt er den gestellten Fuchs, schließt ihn in eine andere Röhre ein und bringt dadurch den Fuchs in Bewegung und eventuell zum Springen.

**vorsichtig** → **heimlich**

**vorstehen** – Hund verharrt vor sich drückendem Niederwild.

**Vorstehhund** – Hund zur Feldjagd.

**Vorstehtreiben (= Standtreiben)** – Eine Form der Treibjagd, bei der die Jäger an festgelegten Plätzen auf der Schützenlinie stehen, während ihnen die Hasen von der Treiberkette zugetrieben werden. Oft werden bei dieser Jagdform auch Hunde eingesetzt. Wichtig ist: Die Schützen dürfen die ihnen zugewiesenen Plätze vor dem Abblasen auf keinen Fall verlassen. Zudem muss der Standort des Nachbarschützen kontrolliert und sein möglicher Schusswinkel bekannt sein.

# W

**Waffen** – 1.) Eckzähne des Schwarzwildes; 2.) Sammelbezeichnung für Kampfgeräte bzw. Hilfsgeräte zur Jagd (Feuerwaffen und Kalte Waffen).

**Waidgerechtigkeit/Weidgerechtigkeit** – Alle geschriebenen und ungeschriebenen Regeln, die die Jagd und ihre ethischen Grundlagen umfassen. Waid-/Weidgerechtigkeit (beide Schreibweisen sind korrekt) bezieht sich zum einen auf einen Rechtsbegriff, da nach dem Bundesjagdgesetz jenen Personen der Jagdschein entzogen werden kann, die gegen die jagdlichen Bestimmungen verstoßen haben. Zum anderen aber ist die Weidgerechtigkeit aus der historischen Entwicklung der Jagd zu verstehen und unterliegt auch dem Zeitgeist und den neuesten wissenschaftlichen Erkenntnissen.

**Waidkörner** – Magensteine bei verschiedenen Federwildarten. Die des Auerhahns dienen auch als Trophäen.

**waidlaut** – Der Hund ist waidlaut, wenn er Laut gibt, obwohl er eine Spur oder Fährte verloren (oder erst gar nicht gefunden) hat. Er ist baulaut (lügt), wenn er im Bau, ohne zu finden, laut ist.

**warme Fährte** – Jünger als zwei Stunden.

**warme Spur** – Jünger als zwei Stunden.

**Warnbruch** – Der Warnbruch signalisiert „Vorsicht! Gefahr!“. Er ist bis auf die Spitze weiß geschnitzt und zu einer Schlinge geformt. Früher wurde er Notbruch genannt und hatte eine wichtige Bedeutung im Einsatz gegen Wilderer. Heute lassen sich kaum Situationen konstruieren, wo nicht besser Warntafeln angebrachter wären, die auch der Allgemeinheit verständlich sind.

**Warnlaut** → **blasen**

**Wartebruch** – Der Wartebruch befiehlt „Halt!“ und besteht aus zwei unterarmlangen, unbefegten und über Kreuz gelegten Brüchen. Bei Treibjagden werden Wartebrüche manchmal als Standplatzbruch und drei nebeneinander gelegte als Zeichen für einen Sammelplatz verwendet.

**Wechsel** – Regelmäßig eingehaltener Weg des Schalenwildes zwischen Tageseinstand und Äsungsplatz.

**Wechselwild** – Schalenwild, das sich nicht ständig in einem Revier aufhält, sondern nur von Zeit zu Zeit dort seinen Einstand nimmt.

**Wedel** – Schwanz bei Schalenwild (ohne Schwarzwild).

**wegfliegen** → **fortstreichen**

**wegtraben** → **abtrollen**

**Weiddarm** – Mastdarm.

**Weidkörner** – Magensteine bei Hühnervögeln, die den Verdauungsprozess unterstützen.

**weidlaut** – Der Hund gibt Laut, ohne Wild gesehen zu haben oder auf der Spur zu sein.

**Weidloch** – After.

**Weidmannsheil** – „Weidmannsheil" kann als Gruß, als Erfolgswunsch oder als Gratulation gebraucht werden.

Als Gruß unter Jägern wird er mit „Weidmannsheil" erwidert. Wird dem Jäger mit „Weidmannsheil" viel Erfolg bei der Jagd gewünscht, so antwortet dieser mit „Weidmannsdank". Ist der Absender des Wunsches jedoch ebenfalls im Aufbruch zur Jagd, erwidert man mit demselben Wunsch „Weidmannsheil". Nach der Jagd kann gefragt werden, ob der Jäger denn „Weidmannsheil" gehabt hat. Ist dies der Fall wird mit „Weidmannsheil" gratuliert und der Erleger bedankt sich dafür mit „Weidmannsdank". Ein „Weidmannsdank" ist auch für die Einladung zur Jagd oder für die Hilfe bei der Nachsuche angebracht, jedoch nicht für alltägliche Gelegenheiten.

**Weidwundschuss** – Schuss durch das Gescheide.

Beim Weidwundschuss macht das Wild nur selten eine hohe Flucht. Gewöhnlich ruckt es bei diesem Schuss zusammen, schnellt mit den Hinterläufen nach hinten aus und strebt mit schwerfälligen Fluchten, immer kürzer (langsamer) werdend, der nächsten Deckung zu, oder es geht mit krummem Rücken trollend ab, wobei es öfter stehen bleibt und nach hinten äugt.

**Weißes** – Talg bei Schwarzwild.

**Welpen** – Junger, noch nicht entwöhnter Hund, Fuchs, Wolf.

**werfen** – Gebären.

**wesensfest** – Der Hund ist wesensfest, wenn außergewöhnliche Umwelteinwirkungen ihn nicht oder nur sehr kurzfristig aus dem seelischen Gleichgewicht bringen.

**wesensschwach** – Der Hund ist wesensschwach, wenn außergewöhnliche Umwelteinwirkungen ihn nachhaltig beeindrucken.

**Widerfährte** – Führt von Feld zu Holz.

**Widergang** – Das Zurückwechseln eines Stückes auf der eigenen Fährte, durch das ein Verfolger getäuscht werden soll.

**Widerrist** – Die Erhöhung des Rückens in der Schultergegend des Hundes.

**wiederladen** – Die Fertigung von Patronen mit losen Komponenten durch eine einzelne Person, wobei die Hülse eine mehrmalige Verwendung finden kann.

**Wild** – Gesamtbezeichnung für jagdbare Tierarten, die im Bundesjagdgesetz festgelegt sind; die Säugetiere heißen nach § 2 des BJagdG Haarwild, die Vögel Federwild.

**Wildbret** – Fleisch des frei lebenden Wildes nach dessen Erlegung; zu unterscheiden davon ist das sogenannte Wildfleisch, welches von in Gehegen gehaltenen Wildtieren stammt (vor allem Damwild).

**wilde Balz** – Balz zu ungewöhnlicher (Jahres)Zeit oder nachts.

**Wilderei** → **Jagdwilderei**, **Jagdschutz**

**Wildfolge** – Das Recht, krank geschossenes oder schwerkrankes Wild, welches in einen fremden Jagdbezirk wechselt, verfolgen zu dürfen. Die Wildfolge hat zum Ziel, im Interesse des Tierschutzes die Verfolgung krank geschossenen Wildes auf fremdem Jagdrevier zu ermöglichen und damit dieses Wild möglichst schnell von seinen Leiden zu erlösen. Das fremde Jagdausübungsrecht wird insoweit eingeschränkt. Das Wildfolgerecht besteht nur, wenn eine schriftliche Vereinbarung über die Wildfolge getroffen worden ist (§ 22a Abs. II BJG).

**Wildlaute** – Der Rothirsch äußert sich in der Brunftzeit durch sein Röhren, Orgeln oder Schreien. Der Damhirsch wird durch sein Rülpsen erkannt, der Sikahirsch durch seinen Brunftpfiff, der Gamsbock durch sein Blädern, der Rehbock durch sein Keuchen, das weibliche Rot- und Damwild durch sein Mahnen (als Kontakt- und Locklaut), Ricken (Rehgeißen) und Kitze durch ihr Fiepen (als Such- und Locklaut). Es pfeifen Gams- und Muffelwild sowie Murmeltiere (Warnlaut), es blasen die Sauen (als Warn-laut), und es keckern Beutegreifer (Warn- oder Drohlaut).

Locklaute sind zum Beispiel das Mahnen des Alttieres und das

Fiepen der Ricke (Rehgeiß) und des Kitzes; Warn- und Wutlaute sind das Blasen der Sauen, das Pfeifen der Gemse, das nur einmalige bellende, oft aber anhaltende Schrecken (Schmälen) des Rehwildes oder das Mahnen des Rot- und Damwildes.

**wildrein** – Der Hund ist wildrein, wenn er nicht ohne Erlaubnis seines Führers Wild hetzt.

**wildscharf** – Der Hund ist wildscharf, wenn er gegenüber gehetztem oder gestelltem Wild keine Scheu, sondern Angriffslust zeigt.

**Wildwechsel** – Wege, auf denen das Schalenwild durch den Wald zieht.

**Wind bekommen** – Riechen, winden, wittern.

**winden** – Riechen, schnuppern.

**Windfang** – Nase des Schalenwildes. Ausnahme: Schwarzwild.

**Wind holen** – Schnuppern.

**Windhunde** – Früher reine Jagdhunde, die Wild hetzen, das heißt sichtig verfolgen, dieses stellen und möglicherweise abtun sollten. Diese Jagdart ist in Deutschland verboten, wird aber zum Beispiel in arabischen Staaten noch ausgeführt.

**Winterdecke** – Die Decke im Winterhaar.

**wittern** – Riechen.

**wölfen** – Der Vorgang des Gebärens bei Wolf, Fuchs und Hund.

**Wolfskrallen** – Beim Hund die an den Innenseiten der Hinterläufe gelegentlich vorkommende fünfte Kralle (= Zehe), die meist nicht mit dem Laufknochen verwachsen ist, sondern nur lose in der Haut hängt.

**Wundfährte** → **Krankfährte**

**Wurf** – Die Gesamtheit der Jungen bei Haarraubwild und Hunden.

**Wurfkessel** – Vor dem Frischen sondern sich die Bachen von der Rotte ab, bauen in dichtem Gestrüpp einen geschlossenen Wurfkessel aus Gras und Zweigen und werfen (frischen) dort bis zu zwölf Frischlinge, die mindestens eine Woche im Wurfkessel verbleiben.

**Wurfkette** – Kurze Kette als Dressurhilfsmittel für den Hund.

**Würgebohrung (= Chokebohrung)** – Die gebräuchlichste Mündungsform der Schrotläufe. Bei ihr wird der Lauf ca. 5 bis 10 cm vor der Mündung zylindrisch gebohrt, verengt sich dann kegelförmig und läuft mit gleich bleibender Verengung zur Mündung aus. Ihr Zweck: Sie beeinflusst die räumliche Verteilung der Schrotkugeln.

# Z

**Zähltreiben** – Aktion, bei der der Jäger mit vielen Personen Teilwaldflächen von 100 bis 150 ha Größe vollständig durchzieht und jedes durch die kreisförmige Menschenkette ein- und auswechselnde Stück Rehwild zählt. Der Abstand der Zählenden darf nur sehr gering sein. Der hohe Aufwand lässt aber nur sehr selten eine Durchführung zu. Untersuchungen haben ergeben, dass selbst Zähltreiben nicht immer den gewünschten Effekt haben.

**Zähne** → **Gebiss**

**Zecken** – Mit zahlreichen Arten weltweit verbreitete Gruppe von Milben, die Blut an Reptilien und Warmblütern saugen; Überträger von gefährlichen Krankheiten. Man unterscheidet Leder-Zecken und Schild-Zecken, unter letzteren die nur am Menschen saugende Gemeine Steuer-Zecke und die Wald-Zecke (Holzbock, Überträger der Z.-Enzephalitis).

**Zeichen** → **Brüche**, **Bruchzeichen**

**Zehenstifte** – Verhornte Federn an beiden Seiten der Zehen der Waldhühner. Sie sind nur im Winterkleid vorhanden und ermöglichen wie Schneereifen ein besseres Fortkommen im Schnee. Mit der Frühjahrsmauser fallen sie wieder ab.

**zeichnen des Wildes** – Die Reaktion des Wildes bei einer Geschosseinwirkung.

**zerwirken** – Das Zerlegen des Wildes in die einzelnen Körperteile (nach dem Entfernen der Decke oder Schwarte). Beim Zerwirken wird das Stück Wild in die Blätter, die Keulen, die Rippenbögen mit Bauchlappen, den Träger und den Rücken zerlegt.

**ziehen** – gehen.

**Zielmarke** → **Absehen**

**Zielpunkt** → **Abkommen**

**Ziemer** – Rücken des Schalenwilds.

**Zitzen** → **Gesäuge**

**Zobel** – Marderart mit wertvollem Pelz.

**zu Felde ziehen** – Zur Äsung austreten.

**Züge und Felder** – Begriff aus der Waffentechnik: Der gezogene Lauf einer Büchse besteht aus Zügen und Feldern. Die Einschnitte in den Lauf sind die Züge, die stehen gebliebenen Erhebungen des Laufteils sind die Felder. Züge und Felder in Büchsenläufen sind schraubenförmig gewunden. Felder und Züge zwingen das den Büchsenlauf durcheilende Geschoss zu einer Drehung um seine Längsachse; es bekommt Drall. Zwischen den Zügen des Laufes bleiben die Felder stehen.

**zu Holze ziehen** – In den Wald ziehen.

**Zunge** → **Lecker**

**Zweiköpfer** – Damhirsch vom 2. Kopf.

**Zwischenmittel** – Begriff aus der Waffentechnik: Als Zwischenmittel werden alle zwischen Pulverladung und Vorlage befindlichen Pfropfen aus Filz, Pappe und Kunststoff einschließlich des Becherpfropfens (Schrotkorbs) und der Zwischen-, Dämpfungs- und Distanzscheiben bezeichnet; im weiteren Sinn auch das in oder über der Schrotladung befindliche Streukreuz und das Deckblättchen.

**Zylinderverschluss (= Kammer-, Kolbenverschluss)** – Begriff aus der Waffenkunde: Der gebräuchlichste Verschluss für Repetier- und Kleinkaliberbüchsen.

## Notizen

## Notizen